材料科学与工程专业应用型本科系列教材
面向卓越工程师计划·材料类高技术人才培养丛书

材料物理实验

主编　张　霞

·上海·

图书在版编目(CIP)数据

材料物理实验/张霞主编. —上海:华东理工大学出版社,2014.9(2024.7 重印)

材料科学与工程专业应用型本科系列教材

面向卓越工程师计划·材料类高技术人才培养丛书

ISBN 978-7-5628-4010-7

Ⅰ.①材… Ⅱ.①张… Ⅲ.①材料科学—物理学—实验—高等学校—教材 Ⅳ.①TB303-33

中国版本图书馆 CIP 数据核字(2014)第 187980 号

材料科学与工程专业应用型本科系列教材

面向卓越工程师计划·材料类高技术人才培养丛书

材料物理实验

主　　编 / 张　霞

策划编辑 / 马夫娇

责任编辑 / 刘　婧

责任校对 / 成　俊

封面设计 / 裘幼华

出版发行 / 华东理工大学出版社有限公司

地　　址:上海市梅陇路 130 号,200237

电　　话:(021)64250306(营销部)

(021)64251137(编辑室)

传　　真:(021)64252707

网　　址:press.ecust.edu.cn

印　　刷 / 广东虎彩云印刷有限公司

开　　本 / 787mm×1092mm　1/16

印　　张 / 11.5

字　　数 / 284 千字

版　　次 / 2014 年 9 月第 1 版

印　　次 / 2024 年 7 月第 5 次

书　　号 / ISBN 978-7-5628-4010-7

定　　价 / 38.00 元

联系我们:电子邮箱 press@ecust.edu.cn

官方微博 e.weibo.com/ecustpress

淘宝官网 http://shop61951206.taobao.com

前 言

材料物理是介于物理学和材料学之间的一门交叉学科，它旨在利用物理学中的一些成果来阐明材料学中的种种现象和规律。随着物理学与材料学的迅猛发展，材料物理学的范围也在不断扩大。材料物理性能是材料研究内容中必不可少的一项，材料物理性能参数更是材料应用的主要技术指标。因此，随着工业技术的发展，材料向着复合化、多功能化甚至智能化的方向发展，材料物理学的重要性日益凸显。

材料物理学是一门以实验为主的学科，材料物理实验的重要地位不言而喻。材料物理实验涉及内容广泛，它旨在利用材料学和物理学的原理来阐明材料的合成、结构、性能和应用领域。近年来，国内许多高校增设了材料物理专业，然而很多材料物理专业的学生仍沿用材料学科的以材料工程为基础内容的实验教材，或者使用各学校老师自编的讲义。根据国家教育部高等学校教学指导委员会规划教材建设的精神，通过多年的教学实践和调查研究，笔者结合所在学校“工科院校理科专业——材料物理专业”的特色，编写了本书。

本书分为四章。第一章材料的组织形貌、结构及其测试分析，主要包括常用的材料形貌、粒度、结构的相关测试实验；第二章材料的力学性能及其测试分析，主要包括关于金属材料拉伸、疲劳、磨损、断裂韧性等的测定实验；第三章材料的物理性能及其测试分析，主要是材料的热学、光学、电学、磁学性能的相关测试实验；第四章材料的物理制备技术，主要包括镀膜和等离子体烧结等技术制备实验。

本书的主要特色是：注重基本概念的准确描述，有利于夯实学生材料物理基础知识；结合材料物理实验技术最新的动态，使学生掌握最新的实验技术；以实用性为主要原则，有利于学生掌握实验操作和相关数据处理的方法。

本书由盐城工学院张霞副教授担任主编，温永春(实验 6，15，21，22，27，34～36)，顾大国(实验 7，24～26，28，30～33)和侯海军(实验 1～5，8)等参与了本书的编写工作，其他实验由张霞编写并由其负责全书的统稿。本书在编写过程中，参考了其他院校的实验教材以及相应的著作、期刊文献等，并受到盐城工学院材料学院领导的大力支持，谨此表示感谢。

由于编者的水平有限，书中难免有不足之处，恳请读者批评指正。

编　者

2014 年 3 月

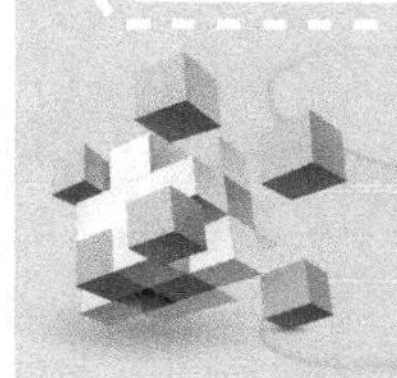

目　录

第一章 材料的组织形貌、结构及其测试分析

实验1 铸铁的显微组织分析(金相显微镜)

一、实验目的和要求

(1) 了解灰口铸铁、磨口铸铁、可锻铸铁和球墨铸铁的显微组织特征。

(2) 了解和掌握金相显微镜的工作原理、结构和操作方法。

二、实验原理

利用光学金相显微镜观察研究金相试样的组织或缺陷的方法称为金相显微分析。它是表征材料微观结构特性的最基本的实验。了解和掌握金相显微镜的工作原理、结构和操作方法，并利用金相显微镜观察和分析材料的显微组织特性是本实验的基础。

(一) 金相显微镜的成像原理

显微镜不像放大镜那样由单个透镜组成，而是由两级特定透镜所组成的。靠近被观察物体的透镜叫作物镜，而靠近眼睛的透镜叫作目镜。借助物镜与目镜的两次放大，就能将物体放大到很高的倍数(约 2 000 倍)。图 1-1 所示是在显微镜中得到放大物像的光学原理图。

被观察的物体 AB 放在物镜之前距其焦距略远一些的位置，由物体反射的光线穿过物镜，经折射后得到一个放大的倒立实像 $A'B'$，目镜再将实像 $A'B'$ 放大成倒立虚像 $A''B''$，这就是我们在显微镜下研究实物时所观察到的经过二次放大后的物像。

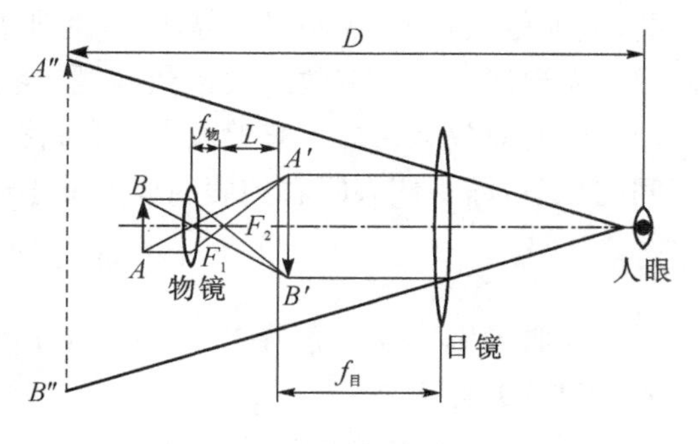

图 1-1 显微镜光学原理图

在设计显微镜时，让物镜放大后形成的实像 $A'B'$ 位于目镜的焦距 $f_目$ 之内，并使最终的倒立虚像 $A''B''$ 在距眼睛 250 mm 处成像，这时观察者看得最清晰。

(二) 金相显微镜的性能参数

1. 金相显微镜的鉴别率

平面鉴别能力即物镜的分辨率是指物镜所具有的将显微组织中两物点清晰区分的最小距离 d 的能力。两物点间最小距离 d 愈小，物镜的分辨能力愈高。

2. 显微镜的放大倍数与数值孔径 NA

显微镜包括两组透镜——物镜和目镜。显微镜的放大倍数主要通过物镜来保证，物镜的最高放大倍数可达 100 倍，目镜的放大倍数可达 25 倍。

物镜的放大倍数可由下式得出：

$$M_{物} = L/F_1 \tag{1-1}$$

式中　L——显微镜的光学筒长度(即物镜后焦点与目镜前焦点的距离)；

F_1——物镜焦距。

而 $A'B'$ 再经目镜放大后的放大倍数则可由以下公式计算：

$$M_{目} = D/F_2 \tag{1-2}$$

式中　D——人眼明视距离(250 mm)；

F_2——目镜焦距。

显微镜的总放大倍数应为物镜与目镜放大倍数的乘积，即

$$M_{总} = M_{物} \times M_{目} = 250L/(F_1 \times F_2)$$

在使用中如选用另一台显微镜的物镜时，其机械镜筒长度必须相同，这时倍数才有效。否则，显微镜的放大倍数应予以修正，应为

$$M = M_{物} \times M_{目} \times C \tag{1-3}$$

式中，C 为修正系数。修正系数可用物镜测微尺和目镜测微尺测量出来。

放大倍数用符号“×”表示，例如物镜的放大倍数为 25×，目镜的放大倍数为10×，则显微镜的放大倍数为 25×10＝250×。放大倍数均分别标注在物镜与目镜的镜筒上。

在使用显微镜观察物体时，应根据其组织的粗细情况，选择适当的放大倍数。以细节部分观察得清晰为准，盲目追求过高的放大倍数，会带来许多缺陷。因为放大倍数与透镜的焦距有关，放大倍数越大，焦距必须越小，同时所看到物体的区域也越小。

需要注意的是有效放大倍数问题。物镜的数值孔径(numerical aperture, NA)决定了显微镜的有效放大倍数。有效放大倍数，就是人眼能够分辨的人眼鉴别率 d' 与物镜的鉴别率 d 间的比值，即不使人眼看到假的像的最小放大倍数：

$$M = d'/d = 2d'(\mathrm{NA})/\lambda \tag{1-4}$$

人眼鉴别率 d' 一般在 0.15～0.30 mm 之间，若分别用 d'＝0.15 mm 和 d'＝0.30 mm 代入式(1-4)，则有

$$M_{min} = 2 \times 0.15(\mathrm{NA})/(5\,500 \times 10^{-7}) = 545.45(\mathrm{NA}) \tag{1-5}$$

$$M_{max} = 2 \times 0.30(\mathrm{NA})/(5\,500 \times 10^{-7}) = 1\,090.91(\mathrm{NA}) \tag{1-6}$$

M_{min}～M_{max} 之间的放大倍数范围就是显微镜的有效放大倍数。

对于显微照相时的有效放大倍数的估算，应将人眼的分辨能力 d' 用底片的分辨能力 d'' 代替。一般底片的分辨能力 d'' 约为 0.030 mm，所以照相时的有效放大倍数 M' 为

$$M' = d''/d = 2d''(\mathrm{NA})/\lambda = 2\times 0.030(\mathrm{NA})\ /(5\,500\times 10^{-7}) = 109.09(\mathrm{NA}) \quad (1-7)$$

如果考虑到由底片印出相片，人眼观察相片时的分辨能力为 0.15 mm，则 M' 应改为 M''：

$$M'' = 2\times 0.15(\mathrm{NA})/(5\,500\times 10^{-7}) = 545.45(\mathrm{NA}) \quad (1-8)$$

所以照相时的有效放大倍数在 $M'\sim M''$ 之间，它比观察时的有效放大倍数小。这就是说，如果用 45×/0.63 的物镜照相，那么它的最大有效放大倍数为 500×0.63(约 300 倍)，所选用的照相目镜应为 300/45(约 6～7 倍)，放大倍数应在 300 倍以下。

三、实验仪器和材料

(1) 实验仪器：光学金相显微镜(见图 1-2)。

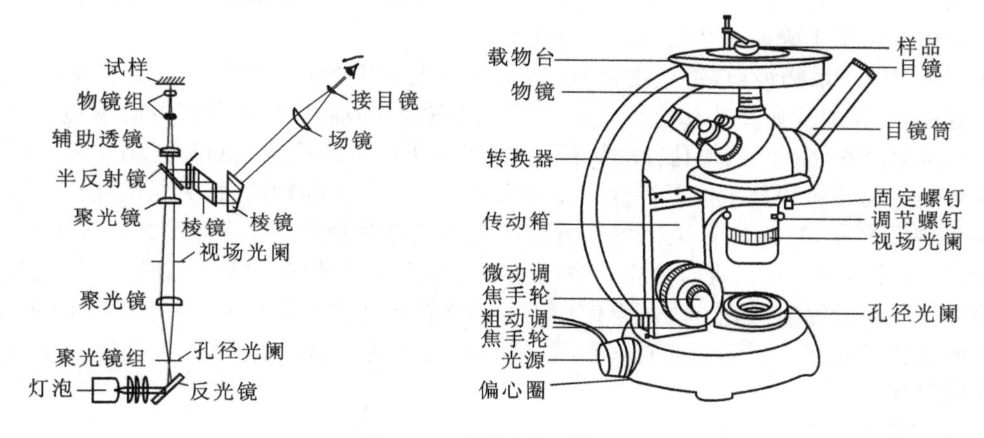

图 1-2　光学金相显微镜

(2) 实验材料：普通灰口铸铁样品、变质灰口铸铁样品、可锻铸铁样品、球墨铸铁样品、麻口铸铁样品。

四、实验内容和步骤

(一) 样品准备

(1) 将普通灰口铸铁样品、变质灰口铸铁样品、可锻铸铁样品、球墨铸铁样品、麻口铸铁样品按照要求切割、打磨、精磨、抛光后，在金相显微镜下观察试样表面有无粗磨痕。假如有较粗的磨痕应该重新精磨、抛光，直至表面光滑无磨痕。

(2) 选择合适的浸蚀剂来浸蚀上述试样。

(3) 在显微镜下观察试样的显微组织。

(二) 金相显微镜的操作方法

(1) 将光源插头接上电源变压器，然后将变压器接上户内 220 V 电源即可使用。照明系统在出厂前已经经过校正。

(2) 每次更换灯泡时，必须将灯座反复调校。灯泡插上灯座后，在孔径光阑上面放上滤色玻璃，然后将灯座转动及前后调节，以使光源均匀明亮地照射于滤色玻璃上，这样，灯泡已调节正确，这时则将灯座的偏心环转动一个角度，以便将灯座紧固于底盘内。灯座及偏心环上有红点樗，如卸出时，只要将红点相对即可。

(3) 原则上观察前要装上各个物镜。在装上或拆下物镜时，须把载物台升起，以免碰触透镜。如选用某种放大倍率，可参照总倍率表来选择目镜和物镜。

(4) 试样放上载物台时，使被观察表面覆置在载物台当中，如果是小试样，可用弹簧压片把它压紧。

(5) 使用低倍物镜观察调焦时，注意避免镜头与试样撞击，可从侧面注视着物镜，将载物台尽量下移，直至镜头几乎与试样接触(但切不可接触)，再从目镜中观察。此时应先用粗动调焦手轮调节至初见物像，再改用微动调焦手轮调节至物像十分清楚为止。切不可用力过猛，以免损坏镜头，影响物像观察。当使用高倍物镜观察，或使用油浸系物镜时，必须先注意极限标线，务必使支架上的标线保持在齿轮箱外面两标线的中间，使微动留有适当的升降余量。当转动粗动调焦手轮时，要小心地将载物台缓缓下降，在目镜视野里刚出现了物像轮廓后，立即改用微动调焦手轮做正确调焦至物像最清晰为止。

(6) 使用油浸系物镜前，将载物台升起，用一支光滑洁净的小棒蘸上一滴杉木油，滴在物镜的前透镜上，这时要避免小棒碰压透镜，且不宜滴过多的油，以免损伤或弄脏透镜。

(7) 为配合各种不同数值孔径的物镜，设置了大小可调的孔径光阑和视场光阑，其目的是为了获得良好的物像和显微摄影衬度。当使用某一数值孔径的物镜时，先对试样正确调焦，之后可调节视场光阑，这时从目镜视场里看到的视野逐渐被遮蔽，然后再缓缓调节使光阑孔张开，至遮蔽部分恰到视场出现时为止。视场光阑的作用是把试样的视野范围之外的光源遮去，以消除表面反射的漫射散光。为配合使用不同的物镜和适应不同类型试样的亮度要求设置了大小可调的孔径光阑。转动孔径光阑套圈，使物像清晰明亮、轮廓分明。在光阑上刻有分度，表示孔径尺寸。

(三) 金相试样分析

(1) 用金相显微镜的明、暗场照明方式观察普通灰口铸铁样品、变质灰口铸铁样品、可锻铸铁样品、球墨铸铁样品、麻口铸铁样品的组织形态。

(2) 用金相显微镜摄影装置拍摄出明、暗场及偏光下的各种试样的金相组织，并在照片下注明试样的各项要素：①试样名称；②照明方式；③加工过程；④浸剂；⑤组织名称；⑥放大倍数。

五、实验注意事项

(1) 操作时必须特别谨慎，不能有任何剧烈的动作。不允许自行拆卸光学系统。

(2) 严禁用手指直接接触显微镜镜头的玻璃部分和试样磨面。若镜头上落有灰尘，会影响显微镜的清晰度与分辨率。此时，应先用洗耳球吹去灰尘和沙粒，再用镜头纸或毛刷轻轻擦拭，以免直接擦拭时划花镜头玻璃，影响使用效果。

(3) 切勿将显微镜的灯泡(6～8 V)插头直接插在 220 V 的电源插座上，应当插在变压器上，否则会立即烧坏灯泡。观察结束后应及时关闭电源。

(4) 在旋转粗调(或微调)手轮时动作要慢，碰到某种阻碍时应立即停止操作，报告指导教师并查找原因，不得用力强行转动，否则会损坏机件。

六、实验报告

(1) 简述金相显微镜明、暗场及偏光照明方式的基本原理和金相显微镜的操作要领及注

意事项。

(2) 指出各金相试样在明、暗场及偏光照明方式下的显微组织特性，并分析实验结果。

七、思考题

谈谈你对金相显微实验的体会和实验中你觉得存在的问题，并思考如何解决。

实验 2　玻璃微珠的扫描电子显微镜形貌分析

一、实验目的和要求

(1) 掌握扫描电子显微镜(Scanning Electron Microscope, SEM,又可简称为扫描电镜)的基本结构、成像原理、主要功能以及一般操作步骤。

(2) 能利用二次电子成像观察分析玻璃微珠的形貌特征。

(3) 能利用成分衬度(背散射电子像和吸收电子像)观察玻璃微珠的形貌特征。

二、实验原理

(一) 扫描电镜的结构

扫描电镜的工作原理是由电子枪发射并经过聚焦的电子束在样品表面扫描,激发样品产生各种物理信号,经过检测、视频放大和信号处理,在荧光屏上获得能反映样品表面各种特征的扫描图像。扫描电镜由电子光学系统,扫描系统,信号检测、放大与显示系统,试样微动与更换系统,真空系统,电源系统六部分组成,如图 2-1(a)所示。

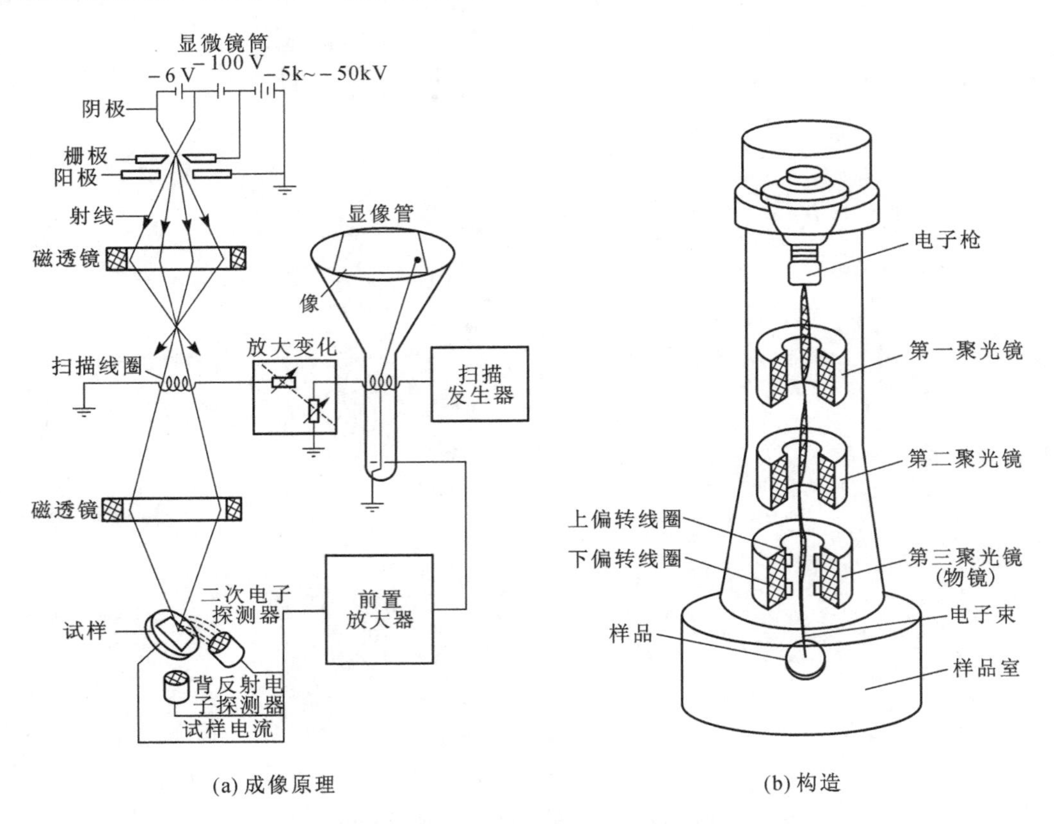

(a) 成像原理　　(b) 构造

图 2-1　扫描电子显微镜的构造及成像原理示意图

各部分主要作用简介如下：

1. 电子光学系统

电子光学系统由电子枪、电磁透镜、光阑、样品室等部件组成，如图 2-1(b)所示。为了获得较高的信号强度和扫描像，由电子枪发射的扫描电子束应具有较高的亮度和尽可能小的束斑直径。常用的电子枪有三种形式：普通热阴极三极电子枪、六硼化镧阴极电子枪和场发射电子枪(FEG)，其性能如表 2-1 所示。前两种属于热发射电子枪，后一种则属于冷发射电子枪。由表 2-1 可以看出场发射电子枪的亮度最高、电子源直径最小，是高分辨本领扫描电镜的理想电子源。热电子在高压电场作用下，被加速通过栅极和阳极轴心孔进入电磁透镜系统。该系统由多组会聚型电磁透镜系统组成。透镜的励磁电流可以自动调整，以此来调整对电子束的压缩程度。

电磁透镜的功能是把电子枪的束斑逐级聚焦缩小，因照射到样品上的电子束斑越小，其分辨率就越高。扫描电镜通常有三个磁透镜，前两个是强透镜，缩小束斑；第三个透镜是弱透镜，焦距长，便于在样品室和聚光镜之间装入各种信号探测器。为了降低电子束的发散程度，每级磁透镜都装有光阑。为了消除像散，装有消像散器。

表 2-1　几种类型电子枪性能

性能 / 电子枪类型	亮　度 /[A/(cm^2·sr)]	电子源直径 /μm	寿　命 /h	真空度 /Pa
普通热阴极三极电子枪	10^4～10^5	20～50	≈50	10^{-2}
六硼化镧阴极电子枪	10^5～10^6	1～10	≈500	10^{-4}
场发射电子枪(FEG)	10^7～10^8	0.01～0.1	≈5 000	10^{-8}～10^{-7}

样品室中有样品台和信号探测器，样品台还能使样品做平移、倾斜、转动等运动。

2. 扫描系统

扫描系统主要包括扫描发生器、扫描线圈和放大倍率变换器。扫描发生器产生一种随时间线性变化的电压锯齿波。锯齿波信号同步地送入镜筒中的扫描线圈和显示系统的显像管(CRT)的扫描线圈上。镜筒的扫描线圈分上、下双偏转扫描装置，其作用是使电子束正好落在物镜光阑孔中心，并且在试样上进行光栅扫描。Sirion 扫描电镜的扫描方式分为线扫描、面扫描、点扫描和 Y 调制扫描。各种扫描方式和扫描速度的选择，可以用显示单元上的一系列按键来控制。

扫描电镜的放大倍率是通过改变电子束偏转角度来调节的。放大倍率等于 CRT 显示屏上的宽度与电子束在试样上扫描的宽度之比。Sirion 扫描电镜放大倍数为 30～800 000 倍，连续可调放大倍数调节的粗调和细调旋钮均通过软件控制；放大倍数及标尺可直接在荧光屏上读出。

3. 信号检测、放大与显示系统

信号检测、放大与显示系统主要包括静电聚焦电极(收集极)、闪烁体探头、光导管、光电倍增管和前置放大器等。样品在入射电子作用下会产生各种物理信号，有二次电子、背散射电子、特征 X 射线、阴极荧光和透射电子。不同的物理信号要用不同类型的检测系统。检测器大致可分为三大类，即电子检测器、阴极荧光检测器和 X 射线检测器。以二次电子为例，二次电子在收集栅的作用下(+300 V)被引导到探测器打在闪烁体探头上，探头表面喷涂厚约数百埃[①]金属铝膜及荧光物质。在铝膜上加+10 kV高压，以保证静电聚焦极收集到的绝大部分电子落到闪烁体探头顶部。在二次电子轰击下闪烁体释放出光子束，它沿着光导管传到光电倍增管的阴极上。

光电倍增管通常采用13级百叶窗式倍增极，总增益为10^7～10^8。光电阴极把光信号转变成电信号并加以放大输出，再经过前置放大后进入视频放大器直至CRT的栅极上。

显示屏上的信号波形的幅度和电压受输入二次电子信号强度调制，从而改变图像的反差和亮度。因此，电子束在试样表面上扫描时产生的二次电子数量的多少直接影响二次电子像的反差与亮度。Sirion型SEM显示单元为双显示器，单独用一个显示器进行图像显示，所有图像存为TIFF格式。

4. 试样微动与更换系统(又称测角仪)

Sirion型SEM样品台是拉出型的，操作时通过计算机控制使样品台沿着X、Y、Z三个方向位移。同时还可以让样品绕轴倾斜(T)以及在水平面上旋转(R)。试样更换盘上样品尺寸为ϕ30 mm，观察时移动面积为20 mm×20 mm。

5. 真空系统

镜筒和样品室处于高真空下，一般不得高于1×10^{-2} Pa，它由机械泵和分子涡轮泵来实现。开机后先由机械泵抽低真空，约20 min后由分子涡轮泵抽真空，约几分钟后就能达到高真空度。此时才能放试样进行测试，在放试样或更换灯丝时，阀门会将镜筒部分、电子枪室和样品室分别分隔开，这样保持镜筒部分真空不被破坏。

6. 电源系统

电源系统由稳压、稳流及相应的安全保护电路所组成，提供扫描电镜各部分所需要的电源。

(二) 形貌衬度——二次电子像

1. 二次电子像衬度原理

表面形貌衬度是以对样品表面形貌变化敏感的物理信号作为调制信号而得到的一种像衬度。因为二次电子信号主要来自样品表层5～10 nm深度范围，它的强度与原子序数没有明确关系，但对微区刻面相对于入射电子束的位向却十分敏感。二次电子像分辨率比较高，一般在3～6 nm，其分辨率的高低主要取决于竖斑直径，而实际上真正能达到的分辨率与样品本身的性质、制备方法，以及电镜的操作条件如扫描速度、光强度、工作距离、样品的倾斜角等因素有关，在最理想的状态下，目前可达到的最佳分辨率为1 nm。

扫描电镜图像表面形貌衬度几乎可以用于显示任何样品表面的超微信息，其应用已渗透到许多科学研究领域，在失效分析、刑事案件侦破、病理诊断等技术部门也得到了广泛的应用。在材料科学研究领域，表面形貌衬度在断口分析等方面有突出的优越性，因此它适用于显示形貌衬度。

2. 样品的制备

扫描电镜的样品必须具有导电性，否则会因为静电效应而影响分析，所以对于导电性差的材料必须进行表面喷镀。喷镀一般在真空镀膜机或离子溅射仪上进行，喷镀的金属有金、铂、银等重金属。为改善金属的分散覆盖能力，有时先喷镀一层碳。表面喷镀不要太厚，太厚会掩

---

① 埃：Å，长度单位，1 Å=10^{-10} m。

盖细节；也不能太薄，太薄会不均匀；一般控制在 5～10 nm 为宜。厚度可通过喷镀颜色来判断。

(三) 原子序数衬度——背散射电子像

1. 原子序数衬度的形成机理

原子序数衬度是以对样品微区原子序数或化学成分变化敏感的物理信号作为调制信号而得到的一种能显示微区化学成分差别的像衬度。背散射电子、吸收电子和特征 X 射线等信号对微区原子序数或化学成分的敏感变化，都可以作为原子序数衬度或化学成分衬度。

背散射电子是被样品原子反射回来的入射电子，样品背散射系数 η 随元素原子序数 Z 的增大而增大。即样品表面平均原子序数越大的区域，产生的背散射电子信号越强，在背散射电子像上显示的衬度越亮；反之则越暗。因此可以根据背散射电子像(成分像)的明暗衬度来判断相应区域原子序数的相对大小。

背散射电子能量较高，离开样品表面后沿直线轨迹运动，检测到的背散射电子信号强度要比二次电子小得多，且有阴影效应。由于背散射电子产生的区域较大，因此分辨率低。

2. 观察背散射电子像

把试样放入样品室，接通背散射电子像检测器，就可以对样品进行 shadow 像、topo 像和 comp 像的观察。

三、实验仪器和材料

(1) 实验仪器：扫描电子显微镜(SEM)、一体化能谱仪(EDS)、电子背散射衍射分析(EBSD)系统附件以及 CCD 数码照相装置。

(2) 实验材料：玻璃微珠。

四、实验内容和步骤

(一) 样品制备

将分散好的样品滴于铜片上，干燥后将载有样品的铜片粘在样品座上的导电胶带上(对于大颗粒样品可直接将样品粘在导电胶带上)。

对于导电性不好的样品必须蒸镀导电层，通常为蒸金：将样品座置于蒸金室中，合上盖子，打开通气阀门，对蒸金室进行抽真空。选择好适当的蒸金时间，达到真空度定好时间后加电压并开始计时，保持电流值，时间到后关闭电压，关闭仪器。取出样品。(注意：打开蒸金室前必须先关闭通气阀门，以防液体倒流。)

(二) 扫描电镜的操作

1. 安装样品

(1) 按“Vent”直至灯闪，对样品交换室放氮气，直至灯亮。

(2) 松开样品交换室锁扣，打开样品交换室，取下原有的样品台，将已固定好样品的样品台放到送样杆末端的卡爪内。(注意：样品高度不能超过样品台高度，且样品台下面的螺丝不能超过样品台下部凹槽的平面。)

(3) 关闭样品交换室门，扣好锁扣。

(4) 按“EVAC”按钮，开始抽真空；“EVAC”闪烁；待真空达到一定程度，“EVAC”点亮。

(5) 将送样杆放下至水平，向前轻推至送样杆完全进入样品室，直至无法再推动为止。确认"Hold"灯点亮，将送样杆向后轻轻拉回至末端台阶露出导板外，将送样杆竖起卡好。（注意：推拉送样杆时用力必须沿送样杆轴线方向，以防损坏送样杆。）

2. 试样的观察

(1) 观察样品室的真空"PVG"值，当真空达到 9.0×10^{-5} Pa 时，打开"Maintenance"，加高压 5 kV，软件上扫描的发射电流为 10 μA，工作距离"WD"为 8 mm，扫描模式为"Lei"。（注意：为减少干扰，有磁性样品时，工作距离一般为 15 mm 左右。）

(2) 在操作键盘上按下"Low Mag""Quick View"，将放大倍率调至最低，点击"Stage Map"，对样品进行标记，按顺序对样品进行观察。

(3) 取消"Low Mag"，看图像是否清楚，不清楚则调节聚焦旋钮和放大倍率旋钮，直至图像清楚。

(4) 聚焦到图像的边界一致，如果边界清晰，说明图像已选好。如果边界模糊，调节操作键盘上的"X""Y"两个消像散旋钮，直至图像边界清晰。如果图像太亮或太暗，可以调节对比度和亮度，旋钮分别为"Contrast"和"Brightness"，也可以按"ACB"按钮，自动调整图像的亮度和对比度。

(5) 按"Fine View"键，进行慢扫描，同时按"Freeze"键，锁定扫描图像。

(6) 扫描完图像后，打开软件上的"Save"窗口，按"Save"键，填好图像名称，选择图像保存格式，然后确定，保存图像。

(7) 按"Freeze"解除锁定后，继续进行样品下一个部位或者下一个样品的观察。

注意：软件控制面板上的背散射按钮千万不能碰，以防损坏仪器。

3. 取出样品

(1) 检查高压是否处于关闭状态（如"HT"键为绿色，点击"HT"键，关闭高压，"HT"键为蓝色或灰色）。

(2) 检查样品台是否归位，工作距离为 8 mm，点击样品台按钮，按"Exchang"键，"Exchang"灯亮。

(3) 将送样杆放至水平，轻推送样杆到样品室，停顿 1 s 后，抽出送样杆并将送样杆竖起卡好，注意观察"Hold"关闭。

五、实验注意事项

(1) 为了使电镜样品室不受污染，样品在放入样品室前一定要清洗干净，样品表面可以使用洗耳球吹几下，去除样品表面的灰尘等。

(2) 为了获得高质量的图像，实验样品一定要做导电处理，如：表面喷碳或喷金，底座用导电胶或碳胶粘等。

(3) 为了防止实验样品在高倍下的抖动和图像漂移，要求实验样品高度要低，还有样品与底座之间要粘牢。

六、实验报告

(1) 试描述扫描电镜的基本组成，并简述各部分的功能。

(2) 扫描电镜显微分析有哪些特点？

(3) 获得高质量图像与哪些因素有关？

(4) 扫描电镜(二次电子)图像衬度是怎样形成的?

七、思考题

(1) 根据成像原理,对比材料的光学金相图像与 SEM 的二次电子图像的异同。
(2) 在 SEM 实验中为什么要特别注意样品的导电问题?
(3) 在高倍观察纳米材料的微结构时,如何解决样品的漂移问题?

实验3 奥氏体不锈钢的透射电子显微镜分析

一、实验目的和要求

(1) 掌握透射电子显微镜(Transmission Electron Microscope, TEM,又可简称为透射电镜)的基本结构和常规操作步骤。

(2) 掌握选区电子衍射原理及其标准操作步骤。

(3) 掌握衍射衬度明-暗场像的成像原理和操作步骤。

二、实验原理

(一) 透射电镜的基本结构及工作原理

透射电子显微镜是一种具有高分辨率、高放大倍数的电子光学仪器,被广泛应用于材料科学等研究领域。透射电镜以波长极短的电子束作为光源,电子束经由聚光镜系统的电磁透镜将其聚焦成一束近似平行的光线而穿透样品,再经成像系统的电磁透镜成像和放大,然后电子束投射到主镜筒最下方的荧光屏上而形成所观察物体的图像。在材料科学研究领域,透射电镜主要可用于材料微区的组织形貌观察、晶体缺陷分析和晶体结构测定。

透射电子显微镜按加速电压分类,通常可分为常规电镜(100 kV)、高压电镜(300 kV)和超高压电镜(500 kV 以上)。提高加速电压,可缩短入射电子的波长。一方面有利于提高电镜的分辨率;同时又可以提高对试样的穿透能力,这不仅可以放宽对试样减薄的要求,而且厚试样与近二维状态的薄试样相比,更接近三维的实际情况。就当前各研究领域使用的透射电镜来看,其主要性能指标有如下三个:

(1) 加速电压:80 kV~3 000 kV。

(2) 分辨率:点分辨率为 0.2~0.35 nm、线分辨率为 0.1~0.2 nm。

(3) 最高放大倍数:30 万~100 万倍。

透射电镜一般由电子光学系统、真空系统、电源及控制系统三大部分组成。此外,还包括一些附加的仪器和部件、软件等。下面对透射电镜的基本结构作简单介绍。

1. 电子光学系统

电子光学系统通常又称为镜筒,是电镜的最基本组成部分,是用于提供照明、成像、显像和记录的装置。整个镜筒自上而下顺序排列着电子枪、双聚光镜、样品室、物镜、中间镜、投影镜、观察室、荧光屏及照相室等。通常又把电子光学系统分为照明、成像和观察记录部分。

2. 真空系统

为保证电镜正常工作,要求电子光学系统应处于真空状态。电镜的真空度一般应保持在 10^{-5} Torr①,这需要机械泵和油扩散泵两级串联才能得到保证。目前的透射电镜增加一个离子泵以提高真空度,真空度可高达 133.322×10^{-8} Pa 或更高。如果电镜的真空度达不到要

① Torr:托,压强单位,1 Torr$=\frac{1}{760}$ atm(准确值)$=133.322\ 4$ Pa。

求，会出现以下问题：

(1) 电子与空气分子碰撞而改变运动轨迹，影响成像质量。

(2) 栅极与阳极间空气分子电离，导致极间放电。

(3) 阴极炽热的灯丝迅速氧化烧损，缩短使用寿命甚至无法正常工作。

(4) 试样易被氧化污染，产生假象。

3. 供电控制系统

供电系统主要提供两部分电源，一是用于电子枪加速电子的小电流高压电源；二是用于各透镜激磁的大电流低压电源。目前先进的透射电镜多已采用自动控制系统，其中包括真空系统操作的自动控制，从低真空到高真空的自动转换、真空与高压启闭的连锁控制，以及用微机控制参数选择和镜筒合轴对中等。

(二) 明-暗场成像原理及操作

1. 明-暗场成像原理

晶体薄膜样品明-暗场像的衬度(即不同区域的明暗差别)，是由于样品相应的不同部位结构或取向的差别导致衍射强度的差异而形成的，因此称其为衍射衬度，以衍射衬度机制为主而形成的图像称为衍衬像。如果只允许透射束通过物镜光阑成像，称其为明场像；如果只允许某支衍射束通过物镜光阑成像，则称为暗场像。有关明-暗场成像的光路原理参见图 3-1。就衍射衬度而言，样品中不同部位结构或取向的差别，实际上表现在满足或偏离布拉格条件程度上的差别。满足布拉格条件的区域，衍射束强度较高，而透射束强度相对较弱，用透射束成明场像该区域呈暗衬度；反之，偏离布拉格条件的区域，衍射束强度较弱，透射束强度相对较高，该区域在明场像中显示亮衬度。而暗场像中的衬度则与选择哪支衍射束成像有关。如果在一个晶粒内，在双光束衍射条件下，明场像与暗场像的衬度恰好相反。

2. 明场像和暗场像

明-暗场成像是透射电镜最基本也是最常用的技术方法，其操作比较容易，这里仅对暗场像操作及其要点简单介绍如下：

(1) 在明场像下寻找感兴趣的视场。

(2) 插入选区光阑围住所选择的视场。

(3) 按“衍射”按钮转入衍射操作方式，取出物镜光阑，此时荧光屏上将显示所选区域内晶体产生的衍射花样。为获得较强的衍射束，可适当地倾转样品调整其取向。

(4) 倾斜入射电子束方向，使得用于成像的衍射束与电镜光轴平行，此时该衍射斑点应位于荧光屏中心。

(5) 插入物镜光阑套住荧光屏中心的衍射斑点，转入成像操作方式，取出选区光阑。此时，荧光屏上显示的图像即为该衍射束形成的暗场像。

通过倾斜入射束方向，把成像的衍射束调整至光轴方向，这样可以减小球差，获得高质量的图像。用这种方式形成的暗场像称为中心暗场像。在倾斜入射束时，应将透射斑移至原强衍射斑(hkl)位置，而(hkl)弱衍射斑相应地移至荧光屏中心，而变成强衍射斑点，这一点应该在操作时引起注意。

图 3-1 所示是相邻两个钨晶粒的明场和暗场像。由于 A 晶粒的某晶面满足布拉格条件，衍射束强度较高，因此在明场像中显示暗衬度。图 3-1(b)所示是 A 晶粒的衍射束形成的暗场像，因此 A 晶粒显示亮衬度，而 B 晶粒则为暗像。

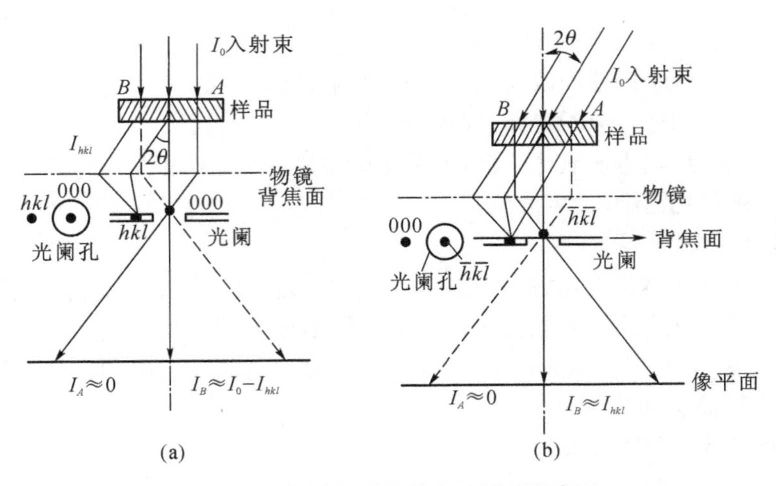

图 3-1　明-暗场成像的光路原理示意图

(a) 明场成像；(b) 中心暗场成像

三、实验仪器和材料

(1) 实验仪器：透射电子显微镜(TEM)(图 3-2)。

(2) 实验材料：奥氏体不锈钢。

四、实验内容和步骤

(一) 实验内容

(1) 实验室工作人员介绍 TEM 各部分结构和功能。

(2) 观摩实验室工作人员操作 TEM，了解从开机、加高压、合轴对中、消像散、装试样、倍率调整、聚焦图像、选择成像、照相和图形处理等整个操作过程。

(3) 在实验室工作人员的指导下进行选区电子衍射(SAD)和明-暗场成像操作。

(4) 观察奥氏体不锈钢样品的衬度明-暗场像。

(二) TEM 基本操作

(1) 检查电镜冷却水循环水箱及空气压缩机是否正常工作。

(2) 检查电镜各部分真空指标是否适于实验，打开透射电镜电源，观察左控制台上“HV”指示灯是否亮起。

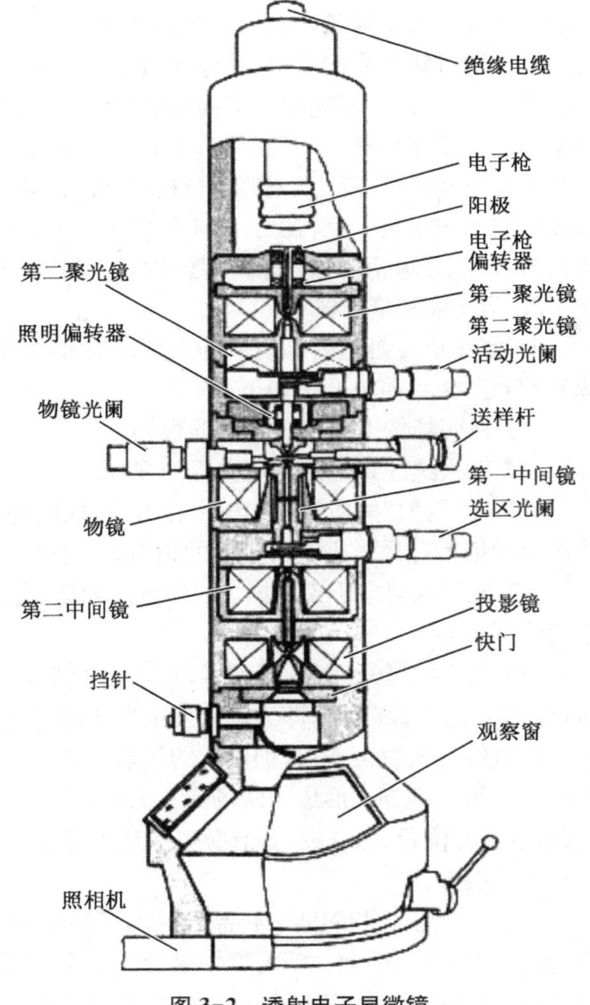

图 3-2　透射电子显微镜

(3) 确认 CRT 上显示样品位置为“0”，样品台处显示“X”“Y”两轴倾转为“0”，按照要求装入样品。

(4) 将各透镜开关逐一置于“ON”。

(5) 装样后约 30 min，加高压至 120 kV 停 2 min，160 kV 停 3 min，然后加压到 200 kV 停 5 min。待高压稳定后，操作 LaB_6灯丝，缓慢增加灯丝电流至饱和位置。

(6) 观察灯丝像，调节电子枪倾斜，使灯丝像对称，确定饱和位置。

(7) 照明系统对中（“spot size”置“1”时，用“GUN”平移将光斑调至中心；“spot size”置“3”时，用“Bright”平移将光斑调至中心，反复几次）。

(8) 2 万倍时，调照明系统补偿。

(9) 10 万倍时，调电压中心。

(10) 调整样品取向。

(12) 消像散，拍照。

(12) 工作完毕后，缓慢退灯丝电流，退高压。各透镜开关必须全部置于“OFF”。

(13) 取出样品（换样品时倾转台和样品台必须回零）。

（四）TEM 选区电子衍射的操作步骤

(1) 在成像的操作方式下，使物镜精确聚焦，获得精确的形貌像。

(2) 转到“选区放大”模式，调整倍率到适当值，把准备研究的样品区域移到荧光屏中央。

(3) 放入孔径合适的选区光阑，使它正好可以把要研究的样品套住，开始按动衍射斑，且要使选区光阑轮廓变得最清楚。

(4) 放入物镜光阑，提高衬度，用“聚焦”键对所测样品聚焦，要求得到正焦状态。此时物镜平面与选区光阑面、中间镜物平面重合。

(5) 转到“衍射”模式，拿出物镜光阑，就可以得到选区电子衍射花样。用“放大”镜改变相机长度，最后得到合适的斑点图。

(6) 右旋“亮度”钮，调节聚光镜，使照明光散开得到平行的照明，并调节“衍射停止”键，使花样中心斑点变细。

(7) 用照相机照相得到衍射花样。

五、实验注意事项

(1) 只有晶体样品形成的衍射衬度像才存在明场像与暗场像之分，其亮度互补，即在明场下是亮线，在暗场下则为暗线，条件是此暗线确实是所操作反射斑引起的。

(2) 透射电镜分析不是表面形貌的直接反映，是入射电子束与晶体样品之间相互作用后的反映。

(3) 为了使衍射衬度像与晶体内部结构关系有机地联系起来，能够根据图像来分析晶体内部的结构和缺陷，必须建立一套理论，这就是衍衬运动学理论和动力学理论。

六、实验报告

(1) 简述 TEM 的结构原理及各部分的作用，并思考在实际操作中应该注意的问题。

(2) 绘图说明选区电子衍射的基本原理。

七、思考题

(1) 在 TEM 正式开始观察样品之前,必须进行电子束的合轴对中操作,它有什么意义?对图像的质量有什么影响?

(2) 为什么要进行消像散操作?TEM 中有哪些消像散操作?

实验 4　X 射线衍射物相分析

一、实验目的和要求

(1) 了解 X 射线衍射(X-ray diffraction，XRD)及 X 射线衍射仪的结构。

(2) 掌握 X 射线物相分析的原理、方法与步骤。

二、实验原理

对某物质的性质进行研究时，不仅需要知道它的元素组成，更为重要的是要了解它的物相组成。X 射线衍射方法是对晶态物质进行物相分析的最权威的方法。

每一种结晶物质都有其独特的化学组成和晶体结构。没有任何两种物质的晶胞大小、质点种类及其在晶胞中的排列方式是完全一致的。因此，当 X 射线被晶体衍射时，每一种结晶物质都有其独特的衍射花样，它们的特征可以用各个衍射晶面间距 d 和衍射线的相对强度 I/I_0 来表征。其中晶面间距 d 与晶胞的形状和大小有关，相对强度则与质点的种类及其在晶胞中的位置有关。所以任何一种结晶物质的衍射数据 d 和 I/I_0 是其晶体结构的必然反映，因而可以根据它们来鉴别结晶物质的物相。晶体的 X 射线衍射图谱是对晶体微观结构精细的形象变换，每种晶体结构与其 X 射线衍射图之间有着一一对应的关系，任何一种晶态物质都有其独特的 X 射线衍射图，而且不会因为与其他物质混合而发生变化，这就是 X 射线衍射法进行物相分析的依据。

根据晶体对 X 射线的衍射特征——衍射线的位置、强度及数量来鉴定结晶物质之物相的方法，就是 X 射线物相分析法。

(一) X 射线衍射仪

本实验使用的仪器是 X 射线衍射仪。X 射线多晶衍射仪（又称 X 射线粉末衍射仪）由 X 射线发生器、测角仪、X 射线强度测量系统以及衍射仪控制与衍射数据采集、处理系统四大部分组成。图 4-1 所示是 X 射线多晶衍射仪的构造示意图。

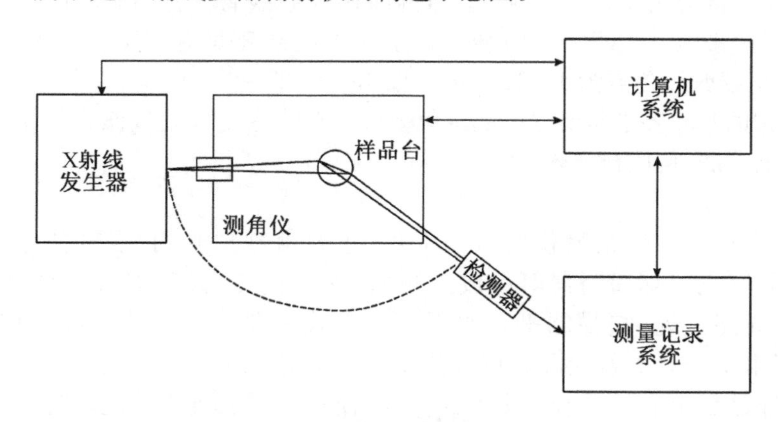

图 4-1　X 射线多晶衍射仪构造示意图

1. X 射线发生器

X 射线多晶衍射仪的 X 射线发生器是高稳定度的，它由 X 射线管、高压发生器、管压管流稳定电路和各种保护电路等部分组成。

衍射用的 X 射线管实际上都属于热电子二极管，有密封式和转靶式两种。前者最大功率不超过 2.5 kW，视靶材料的不同而异；后者是为获得高强度的 X 射线而设计的，一般功率在 10 kW 以上。密封式 X 射线管的工作原理如图 4-2 所示。X 射线管工作时阴极接负高压，阳极接地。灯丝附近装有控制栅，使灯丝发出的热电子在电场的作用下聚焦轰击到靶面上。阳极靶面上受电子束轰击的焦点便成为 X 射线源，向四周发射 X 射线。在阳极一端的金属管壁上一般开有四个射线出射窗口，实验利用的 X 射线就从这些窗口得到。密封式 X 射线管除了阳极一端外，其余部分都是玻璃制成的。管内真空度达 10^{-6}～10^{-5} Torr，高真空可以延长发射热电子的钨质灯的寿命，防止阳极表面受到污染。早期生产的 X 射线管一般用云母片做窗口材料，而现在的衍射用射线管窗口材料都用 Be 片（厚 0.25～0.3 mm），Be 片对 MoK_{α}，CuK_{α}，CrK_{α} 分别具有 99%，93%，80%左右的透过率。

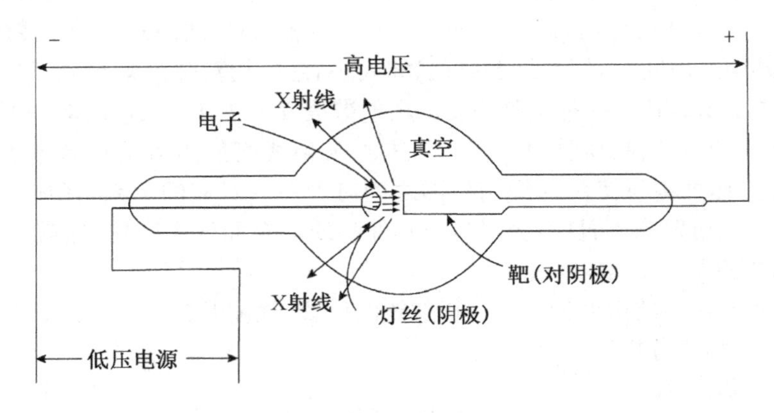

图 4-2　密封式 X 射线管的工作原理

X 射线管主要分密闭式和可拆卸式两种。广泛使用的是密闭式，由阴极灯丝、阳极、聚焦罩等组成，功率大部分为 1 kW～2 kW。可拆卸式 X 射线管又称为旋转阳极靶，其功率比密闭式大许多倍，一般为 12 kW～60 kW。常用的 X 射线靶材有 W，Ag，Mo，Ni，Co，Fe，Cr，Cu 等。X 射线管线焦点为 1×10 mm^2，取出角为 3°～6°。

选择阳极靶的基本要求是要尽可能避免靶材产生的特征 X 射线激发样品的荧光辐射，以降低衍射花样的背底，使图样清晰。

2. 测角仪

测角仪是粉末 X 射线衍射仪的核心部件，主要由索拉光阑、发散狭缝、接收狭缝、防散射狭缝、样品座及闪烁探测器等组成。测角仪一般有卧式和立式之分，图 4-3 所示是卧式测角仪的光路系统，扫描圆平行水平面。立式测角仪的光路与此类似，不同的是其扫描圆垂直于水平面。X 射线源使用线焦点光源，线焦点与测角仪轴平行。测角仪的中央是样品台，样品台上有一个作为放置样品时使样品平面定位的基准面，用以保证样品平面与样品台转轴重合。样品台与检测器的支臂围绕同一转轴旋转，如图 4-3 所示的 O 轴。

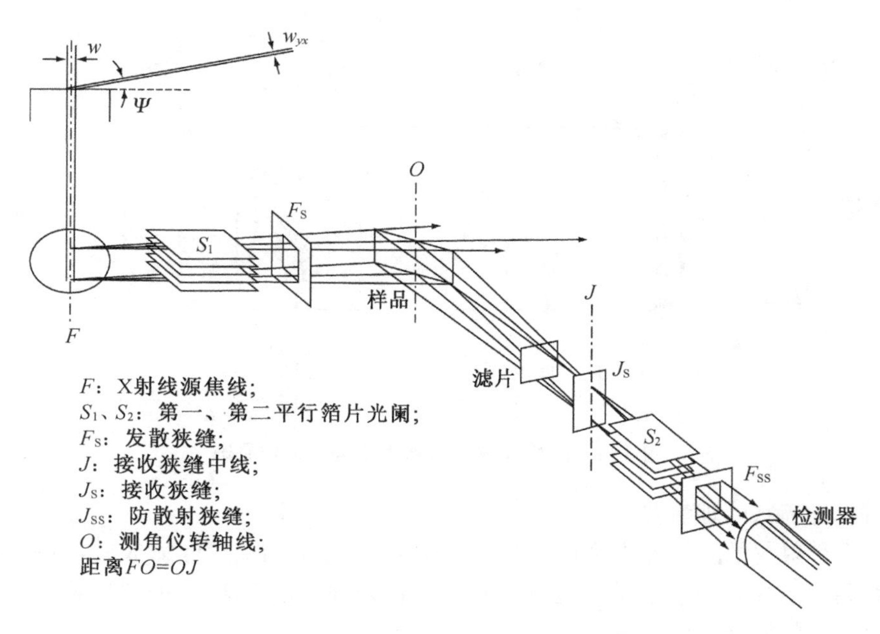

图 4-3　卧式测角仪的光路系统

(1) 衍射仪一般利用线焦点作为X射线源 S。如果采用焦斑尺寸为10 mm^2 的常规X射线管，当出射角为6°时，实际有效焦宽为0.1 mm，成为 0.1×10 mm^2 的线状X射线源。

(2) 从 S 发射的X射线，其水平方向的发散角被第一个狭缝限制之后，照射试样。这个狭缝称为发散狭缝(DS)，生产厂供给(1/6)°，(1/2)°，1°，2°，4°的发散狭缝和测角仪调整用0.05 mm宽的狭缝。

(3) 从试样上衍射的X射线束，在 F 处聚焦，放在这个位置的第二个狭缝，称为接收狭缝(RS)。生产厂供给0.15 mm，0.3 mm，0.6 mm宽的接收狭缝。

(4) 第三个狭缝是防止空气散射等非试样散射X射线进入计数管，称为防散射狭缝(SS)。SS和DS配对，生产厂供给与发散狭缝的发射角相同的防散射狭缝。

(5) S_1，S_2 称为索拉狭缝，是由一组等间距且相互平行的薄金属片组成的，它限制入射X射线和衍射线的垂直方向发散。索拉狭缝装在叫作索拉狭缝盒的框架里。这个框架兼作其他狭缝插座用，即插入DS，RS和SS。

3. X射线探测记录装置

衍射仪中常用的探测器是闪烁计数管(SC)，它是利用X射线能在某些固体物质(磷光体)中产生波长在可见光范围内的荧光，这种荧光再转换为能够测量的电流。由于输出的电流和计数管吸收的X光子能量成正比，因此可以用来测量衍射线的强度。

闪烁计数管的发光体一般是用微量铊活化的碘化钠(NaI)单晶体。这种晶体经X射线激发后发出蓝紫色的光。将这种微弱的光用光电倍增管来放大。发光体的蓝紫色光激发光电倍增管的光电面(光阴极)而发出光电子(一次电子)。光电倍增管电极由10个左右的联极构成，由于一次电子在联极表面上激发二次电子，经联极放大后电子数目按几何级数剧增(约 10^6 倍)，最后输出像正比计数管那样高(几个毫伏)的脉冲。闪烁计数管的基本结构及工作原理如图4-4所示。

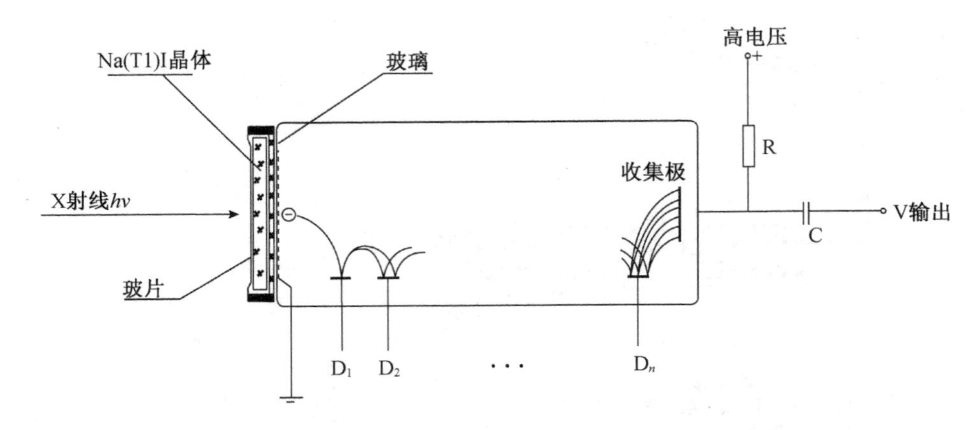

图 4-4　闪烁计数管的基本结构及工作原理

4. 计算机控制、处理装置

XRD—2 衍射仪的主要操作都由计算机控制自动完成，扫描操作完成后，衍射原始数据自动存入计算机硬盘中以供数据分析处理。数据分析处理包括平滑点的选择、背底扣除、自动寻峰、d 值计算、衍射峰强度计算等。

(二) XRD 实验参数的选择

1. 阳极靶的选择

选择阳极靶的基本要求：尽可能避免靶材产生的特征 X 射线激发样品的荧光辐射，以降低衍射花样的背底，使图样清晰。

必须根据试样所含元素的种类来选择最适宜的特征 X 射线波长(靶)。当 X 射线的波长稍短于试样成分元素的吸收限时，试样强烈地吸收 X 射线，并激发产生成分元素的荧光 X 射线，背底增高。其结果是峰背比(信噪比)P/B 低(P 为峰强度，B 为背底强度)，衍射图谱难以分清。

X 射线衍射所能测定的 d 值范围，取决于所使用的特征 X 射线的波长。X 射线衍射所需测定的 d 值范围大都在 1～10 Å 之间。为了使这一范围内的衍射峰易于分离而被检测，需要选择合适波长的特征 X 射线。一般测试使用铜靶，但因 X 射线的波长与试样的吸收有关，可根据试样物质的种类分别选用 Co，Fe 或 Cr 靶。此外还可选用钼靶，这是由于钼靶的特征 X 射线波长较短，穿透能力强，如果希望在低角处得到高指数晶面衍射峰，或为了减少吸收的影响等，均可选用钼靶。

该实验选择 Cu 靶。

2. 管电压和管电流的选择

工作电压设定为靶材临界激发电压的 3～5 倍。选择管电流时功率不能超过 X 射线管的额定功率，较低的管电流可以延长 X 射线管的寿命。

X 射线管经常使用的负荷(管压和管流的乘积)选为最大允许负荷的 80%左右。但是，当管压超过激发电压的 5 倍以上时，强度的增加率将下降。因此，在相同负荷下产生 X 射线时，在管压为激发电压的约 5 倍以内时要优先考虑管压，在更高的管压下其负荷可用管流来调节。靶元素的原子序数越大，激发电压就越高。由于连续 X 射线的强度与管压的平方成正比，特征 X 射线与连续 X 射线的强度之比随着管压的增加接近一个常数，当管压超过激发电压的

4～5倍时反而变小，因此，管压过高，信噪比 P/B 将降低，这是不可取的。

3. 发散狭缝的选择(DS)

发散狭缝(DS)决定了X射线水平方向的发散角，限制试样被X射线照射的面积。如果使用较宽的发散狭缝，X射线强度增加，但在低角处入射X射线超出试样范围，照射到边上的试样架，出现试样架物质的衍射峰或漫散峰，给定量物相分析带来不利的影响。因此有必要按测定目的选择合适的发散狭缝宽度。

生产厂家提供(1/6)°，(1/2)°，1°，2°，4°的发散狭缝，通常定性物相分析选用1°发散狭缝，当低角度衍射特别重要时，可以选用(1/2)°(或(1/6)°)发散狭缝。

4. 防散射狭缝的选择(SS)

防散射狭缝用来防止空气等物质引起的散射X射线进入探测器，一般选用与DS角度相同的SS。

5. 接收狭缝的选择(RS)

生产厂家提供0.15 mm，0.3 mm，0.6 mm的接收狭缝，接收狭缝的大小影响衍射线的分辨率。接收狭缝越小，分辨率越高，衍射强度越低。通常定性物相分析时使用0.3 mm的接收狭缝，精确测定可使用0.15 mm的接收狭缝。

6. 滤波片的选择

该实验中选择Ni滤波片。

7. 扫描范围的确定

不同的测定目的，其扫描范围也不同。当选用Cu靶进行无机化合物的相分析时，扫描范围一般为2°～90°(2θ)；对于高分子、有机化合物的相分析，其扫描范围一般为2°～60°；在定量分析、点阵参数测定时，一般只对欲测衍射峰扫描几度。

8. 扫描速度的确定

常规定性物相分析常采用2°/min或4°/min的扫描速度。在进行点阵参数测定、微量分析或定量物相分析时，常采用(1/2)°/min或(1/4)°/min的扫描速度。

三、实验仪器和材料

(1) 实验仪器：X射线衍射仪(XRD)。

(2) 实验材料：多晶硅片。

四、实验内容和步骤

(一) 样品制备

X射线衍射分析的样品主要有粉末样品、块状样品、薄膜样品、纤维样品等。样品不同，分析目的不同(定性分析或定量分析)，样品的制备方法就不同。

1. 粉末样品

X射线衍射仪的粉末试样必须满足两个条件：晶粒要细小，试样无择优取向(取向排列混乱)。因此，通常将试样研细后使用。可用玛瑙研钵研细。定性分析时粒度应小于44 μm(350目)，定量分析时应将试样研细至10 μm左右。较方便地确定10 μm粒度的方法是，用拇指和中指捏住少量粉末，并碾动，两手指间没有颗粒感觉的粒度大致为10 μm。

常用的粉末样品架为玻璃试样架，在玻璃板上蚀刻出试样填充区为20 mm×18 mm。玻璃样品架主要用于粉末试样较少(约少于 500 mm^3)时。填充时,将试样粉末一点一点地放进试样填充区,重复这种操作,使粉末试样在试样架里均匀分布并用玻璃板压平实,要求试样面与玻璃表面齐平。如果试样的量少到不能充分填满试样填充区,可在玻璃试样架凹槽里先滴一薄层用醋酸戊酯稀释的火棉胶溶液,然后将粉末试样撒在上面,待干燥后测试。

2. 块状样品

先将块状样品表面研磨抛光,大小不超过 20 mm×18 mm,然后用橡皮泥将样品粘在铝样品支架上,要求样品表面与铝样品支架表面齐平。

3. 微量样品

取微量样品放入玛瑙研钵中将其研细,然后将研细的样品放在单晶硅样品支架上(切割单晶硅样品支架时使其表面不满足衍射条件),滴数滴无水乙醇使微量样品在单晶硅片上分散均匀,待乙醇完全挥发后即可测试。

4. 薄膜样品制备

将薄膜样品剪成合适大小,用胶带粘在玻璃样品支架上即可。

(二) 样品测量

1. 开机前准备

(1) 设备开机前必须接通冷却水,接通增压泵电源,水泵开始工作。设备背面板的压力表用于显示冷却水压力,水压指示应不低于 200 kPa(正常值为 300～400 kPa)。

(2) 打开高压控制面板上的开关,此时 X 射线发生器控制系统低压电路接通,面板上的 kV, mA 显示为“00”“00”,总电源灯、水冷正常灯、准备就绪灯亮起。

(3) 打开计算机,等待计算机启动进入 Windows 桌面。

2. 开启 X 射线管高压

开启高压后,X 光管将产生射线,请注意射线防护。

点击计算机桌面“LJ51”图标。“LJ51”启动后,测角仪将自动执行一次“校读”,计算机“校读”完成后,应检查测角仪刻度盘刻度线所指示的位置是否正确。

将 kV 设定为“15 kV”, mA 设定为“6 mA”,按下“X 射线开”按键,等待电压、管流缓慢升高到 15 kV、6 mA。稳定 30 s。

将 kV 设定为“20 kV”,mA 设定为“10 mA”,按下“X 射线开”按键,等待电压、管流缓慢升高到 20 kV, 10 mA。稳定 30 s。

将 kV 设定为“36 kV”,mA 设定为“20 mA”,按下“X 射线开”按键,等待电压、管流缓慢升高到 36 kV, 20 mA。稳定 5 min。

注意:通常情况在 kV, mA 表显示 15 kV, 6 mA 约 30 s 后,才可以调节 kV, mA 挡。如设备长期未用 (一周以上)或新更换 X 射线管,这一时间应相应延长 (30 min)。

根据样品制备规范,制好样品,将其插入样品台。

利用“叠扫”菜单采集衍射图数据。

3. 关闭电源

(1) 关闭高压电源时,应先按下“X 射线降”等待电压、电流降至 15 kV, 6 mA 后,再按下“X 射线停”,关闭高压。

(2) 进行一遍测角仪“校读”,等待测角仪转至 10°位置,然后关闭计算机软件。

(3) 关闭高压后,关断“电源通断”开关。

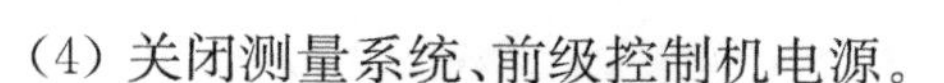

(4) 关闭测量系统、前级控制机电源。

注意：在关闭前级控制机电源开关前，应先退出 LJ51 程序。

4. 在关闭高压 5 min 后，关闭 X 射线管冷却循环水

(三) 定性物相分析方法

X 射线衍射定性物相分析方法有以下几种：

1. 三强线法

(1) 从前反射区(2°～90°)中选取强度最大的三根线，并使其 d 值按强度递减的次序排列。

(2) 在数字索引中找到对应的 d_1(最强线的面间距)组。

(3) 按次强线的面间距 d_2 找到接近的几列。

(4) 检查这几列数据中的第三个 d 值是否与待测样的数据对应，再查看第四至第八强线数据并进行对照，最后从中找出最可能的物相及其卡片号。

(5) 从档案中抽出卡片，将实验所得 d 及 I/I_1 跟卡片上的数据详细对照，如果完全符合，物相鉴定即告完成。

如果待测样的数据与标准数据不符，则须重新排列组合并重复步骤(2)～(5)。如为多相物质，在找出第一物相之后，可将其线条剔出，并将留下的线条的强度重新归一化，再按步骤(1)～(5)进行检索，直到得出正确答案。

2. 特征峰法

对于经常使用的样品，应对其衍射谱图充分掌握，并能根据其谱图特征进行初步判断。例如在 26.5°左右有一强峰，在 68°左右有五指峰出现，则可初步判定样品含 SiO_2。

五、实验报告

(1) 简述 XRD 的结构和物相分析原理。

(2) 分析和讨论实验结果。

六、思考题

(1) 简述连续 X 射线谱、特征 X 射线谱产生的原理及特点。

(2) 如何选择 X 射线管及管电压和管电流?

(3) 哪些实验条件可使测量的衍射峰位更准确? 通常在什么实验条件下进行定性测量更为合理?

(4) X 射线谱图鉴定分析应注意什么问题?

实验5 X射线光电子能谱分析

一、实验目的和要求

(1) 掌握X射线光电子能谱(X-ray Photoelectron Spectroscopy, XPS)仪的基本结构和工作原理。

(2) 掌握材料表面XPS分析方法。

二、实验原理

(一) XPS的工作原理

X射线光电子能谱仪的基本原理:一定能量的X光照射到样品表面和待测物质发生作用,可以使待测物质原子中的电子脱离原子成为自由电子。该过程可用下式表示:

$$h\nu = E_k + E_b + E_r \tag{5-1}$$

式中 $h\nu$——X光子的能量;

E_k——光电子的能量;

E_b——电子的结合能;

E_r——原子的反冲能量,数值很小,可以忽略不计。

对于固体样品,计算结合能的参考点不是选真空中的静止电子,而是选用费米能级,由内层电子跃迁到费米能级消耗的能量为结合能 E_b,由费米能级进入真空成为自由电子所需的能量为功函数 Φ,剩余的能量成为自由电子的动能 E_k,则它们之间关系可表示如下:

$$h\nu = E_k + E_b + \Phi \tag{5-2}$$

$$E_b = h\nu - E_k - \Phi \tag{5-3}$$

仪器材料的功函数 Φ 是一个定值,约为4 eV,入射X光子能量已知,这样,如果测出电子的动能 E_k,便可得到固体样品电子的结合能。各种原子、分子的轨道电子结合能是一定的,因此,通过对样品产生的光子能量进行测定,就可以了解样品中元素的组成。元素所处的化学环境不同,其结合能会有微小的差别,这种由化学环境不同引起的结合能的微小差别叫作化学位移,由化学位移的大小可以确定元素所处的状态。例如,某元素的原子失去电子成为阳离子后,其结合能会增大;如果得到电子成为阴离子,则结合能会降低。因此,利用化学位移值可以分析元素的化合价和存在形式。

(二) 电子能谱法的特点

(1) 可以分析除H和He以外的所有元素;可以直接测定来自样品单个能级光电发射电子的能量分布,且可以直接得到电子能级结构的信息。

(2) 从能量范围看,如果把红外光谱提供的信息称为“分子指纹”,那么电子能谱提供的信息可称作“原子指纹”。它提供有关化学键方面的信息,即直接测量价层电子及内层电子轨道能级。而相邻元素的同种能级的谱线相隔较远,相互干扰小,元素定性的标识性强。

(3) 这是一种无损分析。

(4) 这是一种高灵敏超微量表面分析技术。分析所需试样约 10^{-8} g 即可，绝对灵敏度高达 10^{-18} g，样品分析深度约 2 nm。

(三) XPS 仪的组成

XPS 仪与早期的实验仪器相比，其设计有了非常明显的发展，但是所有的现代 XPS 仪(图 5-1)都基于相同的构造：进样室、超高真空系统、X 射线激发源、离子源、电子能量分析器、检测器系统、荷电中和系统以及计算机数据采集和处理系统等。这些部件都包含在一个超高真空(Ultra High Vacuum, UHV)封套中，通常用不锈钢制造，一般用 μ 金属作电磁屏蔽。

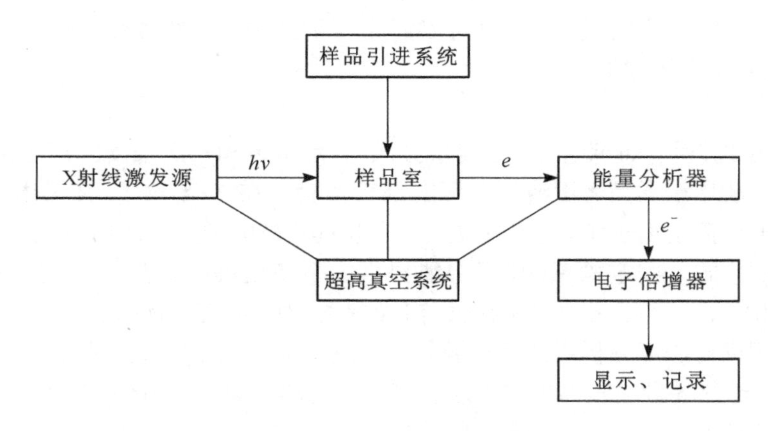

图 5-1　XPS 物理结构示意图

1. 超高真空系统

超高真空系统是进行现代表面分析及研究的主要部分。XPS 仪的激发源、样品分析室及探测器等都安装在超高真空系统中。通常超高真空系统的真空室由不锈钢材料制成，真空度优于 10^{-7} Pa。在 X 射线光电子能谱仪中必须采用超高真空系统，基于以下原因：

(1) 为了使样品室和分析器保持一定的真空度，减少电子在运动过程中同残留的气体分子发生碰撞而减弱信号强度。

(2) 降低活性残余气体的分压。这是因为，在记录谱图所必需的时间内，残留气体会吸附到样品表面上，甚至有可能和样品发生化学反应，从而影响电子从样品表面上发射并产生外来干扰谱线。

一般 XPS 采用三级真空泵系统。前级泵一般采用旋转机械泵或分子筛吸附泵，极限真空度能达到 10^{-2} Pa；采用油扩散泵或分子泵，可获得高真空，极限真空度能达到 10^{-8} Pa；而采用溅射离子泵和钛升华泵，可获得超高真空，极限真空度能达到 10^{-9} Pa。这几种真空泵的性能各有优缺点，可以根据各自的需要进行组合。现在新型 X 射线光电子能谱仪普遍采用机械泵-分子泵-溅射离子泵-钛升华泵系列，这样可以防止扩散泵油污染清洁的超高真空分析室。标准的 AXIS Ultra DLD 就是利用这样的泵组合而成的。样品处理室(Sample Treatment Center, STC)借助一个为油扩散泵所准备的涡轮分子泵进行抽真空。样品分析室(Sample Analysis Center, SAC)借助一个离子泵和附加于其上的钛升华泵(Titanium Sublimation Pump, TSP)来抽真空。

2. 快速进样室

为了保证在不破坏分析室超高真空的情况下能快速进样，X 射线光电子能谱仪多配备快速进样室。快速进样室的体积很小，以便能在 40～50 min 内能达到 10^{-5} Pa 的高真空。

3. X 射线激发源

XPS 中最简单的 X 射线源就是用高能电子轰击阳极靶时发出的特征 X 射线。通常采用 AlK_α（光子能量为 1 486.6 eV ）和 Mg K_α（光子能量为 1 253.8 eV）阳极靶，它们具有强度高、自然宽度小（分别为 830 meV 和 680 meV）的特点。这样的 X 射线是由多种频率的 X 射线叠加而成的。为了获得更高的观测精度，实验中常常使用石英晶体单色器（利用其对固定波长的色散效果），将不同波长的 X 射线分离，选出能量最高的 X 射线。这样做有很多好处，可降低线宽到 0.2 eV，提高信号/本底之比，并可以消除 X 射线中的杂线和韧致辐射。但经单色化处理后，X 射线的强度大幅度下降。

4. 离子源

离子源是用于产生一定能量、一定能量分散、一定束斑和一定强度的离子束。在 XPS 中，配备的离子源一般用于样品表面清洁和深度剖析实验。在 XPS 仪中，常采用 Ar 离子源。它是一个经典的电子轰击离子源，气体被放入一个腔室并被电子轰击而离子化。Ar 离子源又可分为固定式和扫描式。固定式 Ar 离子源能提供一个使用静电聚焦而得到的直径从 125 μm 到 mm 量级变化的离子束。由于不能进行扫描剥离，对样品表面蚀刻的均匀性较差，仅用作表面清洁。对于进行深度分析用的离子源，应采用扫描式 Ar 离子源，从而提供一个可变直径（直径从 35 μm 到 mm 量级）、高束流密度和可扫描的离子束，用于精确的研究和应用。

5. 荷电中和系统

用 XPS 测定绝缘体或半导体时，由于光电子的连续发射而得不到足够的电子补充，使得样品表面出现电子“亏损”，这种现象称为荷电效应。荷电效应将使样品出现一个稳定的表面电势 V_S，它对逃逸的光电子有束缚作用，使谱线发生位移，还会使谱峰展宽、畸变。因此，XPS 中的这个装置可以在测试时产生低能电子束来中和试样表面的电荷，减少荷电效应。

6. 能量分析器

能量分析器的功能是测量从样品中发射出来的电子能量分布，是 X 射线光电子能谱仪的核心部件。常用的能量分析器，是基于电（离）子在偏转场（常用静电场而不再是磁场）或在减速场产生的势垒中的运动特点进行设计的。通常，能量分析器有两种类型——半球型分析器和筒镜型能量分析器。半球型能量分析器由于具有对光电子的传输效率高和能量分辨率高等特点，多用在 XPS 仪上。而筒镜型能量分析器由于对俄歇电子的传输效率高，主要用在俄歇电子能谱仪上。对于一些多功能电子能谱仪，由于考虑到 XPS 和 AES 的共用性和使用的侧重点，选用能量分析器的主要依据是视其以哪一种分析方法为主。以 XPS 为主的采用半球型能量分析器，而以俄歇为主的则采用筒镜型能量分析器。

7. 检测器系统

光电子能谱仪中被检测到的电子流非常弱，一般在 10^{-19}～10^{-13} A/s，所以现在多采用电子倍增器加计数技术。电子倍增器主要有两种类型——单通道电子倍增器和多通道电子检测器。单通道电子倍增器可有 10^6～10^9 倍的电子增益。为提高数据采集能力、减少采集时间，近代 XPS 仪越来越多地采用多通道电子检测器。最新应用于光电子能谱仪的延迟线检测器（Delay Line Detector，DLD），采用多通道电子检测器，尤其在微区（10 μm 左右）分析时，可以大大提高收谱和成像的灵敏度。

8. 成像 XPS

表面分析时的成像 XPS 可以提供表面相邻区中空间分布的元素和化学信息。对使用其他表面技术难以分析的样品而言，成像 XPS 是特别有用的。这包括从微米到毫米尺度范围内非均匀材料、绝缘体、电子束轰击下易损伤的材料或要求了解化学态在其中如何分布的材料。在成像 XPS 中，除了提供元素和化学态分布外，还能用于标出覆盖层稠密度，以估算 X 射线或离子束斑的大小和位置，或检验仪器中电子光学孔径的准直。因而成像 XPS 成为能得到空间分布信息的常规应用方法。

XPS 成像把小面积能谱的接收与非均质样品的光电子成像结合起来，可以在接近 15 μm 的空间分辨率下通过连续扫描的方法采集。商品化的仪器现在组合了成像和小束斑谱采集的能力，能够在微米尺度上进行微小特征的表面化学分析。该技术的未来方向是在更小的区域内达到更高的计数率，将 XPS 成像推向真正的亚微米化学表征技术。

9. 数据系统

X 射线电子能谱仪的数据采集和控制十分复杂，涉及大量复杂的数据的采集、储存、分析和处理。数据系统由在线实时计算机和相应软件组成。在线计算机可对谱仪进行直接控制，并对实验数据进行实时采集和处理。实验数据可由数据分析系统进行一定的数学和统计处理，并结合能谱数据库，获取对检测样品的定性和定量分析知识。常用的数学处理方法有谱线平滑，扣背底，扣卫星峰，微分，积分，准确测定电子谱线的峰位、半高宽、峰高度或峰面积（强度），以及谱峰的解重叠（Peak fitting）和退卷积，谱图的比较等。当代的软件程序包含广泛的数据分析能力，复杂的峰型可在数秒内拟合出来。

三、实验仪器和材料

（1）实验仪器：X 射线光电子能谱仪（图 5-2）。

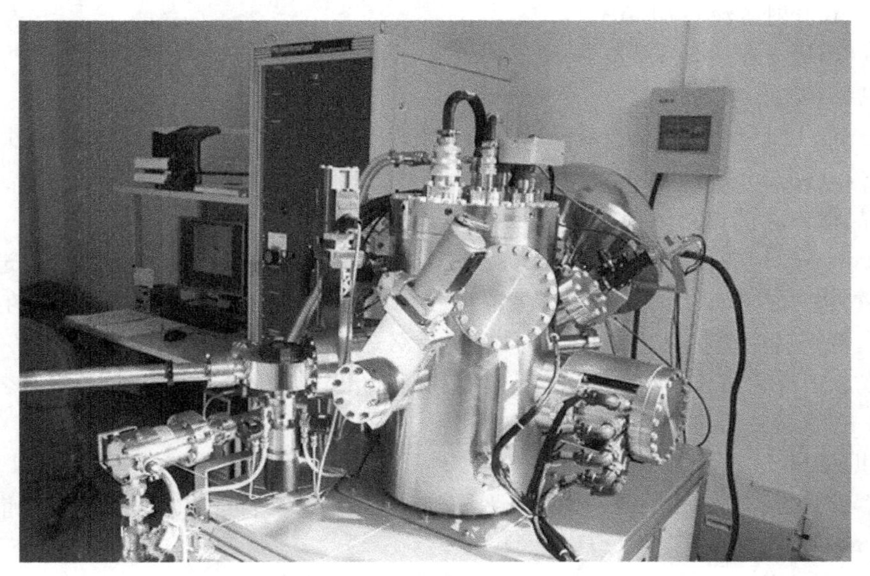

图 5-2　X 射线光电子能谱仪

(2) 实验材料：涂有 TiO_2 薄膜的硅片。

四、实验内容和步骤

1. 样品处理和进样

将干燥的已制备好的涂有 TiO_2 薄膜的硅片切割成大小合适的片，固定到铜片的导电胶带上。然后将铜片固定在样品台上，送入快速进样室。开启低真空阀，用机械泵和分子泵抽真空到 10^{-6} Pa。然后关闭低真空阀，开启高真空阀，使快速进样室与分析室连通，把样品送到分析室内的样品架上，关闭高真空阀。

2. 检查硬件和软件

首先要检查水箱压力、电源、气源是否处于正常状态；检查双阳极是否退到最后；检查样品处理室和样品分析室的真空状态(应优于 3×10^{-7} Pa)；检查样品处理室和样品分析室之间阀门的开关状态。

其次，打开光纤灯和摄像机显示器，检查计算机软件各操作界面中的指示灯是否正常。

3. 仪器参数设置

在仪器手动控制“instrument manual control”窗口，在“Acquisition”界面，设置关键性参数如下。

type：Snap shot；

technique：XPS；

lens mode：hybrid，B. E；

Pass energy(通能)：80 eV；

Energy region 中一般输入 O 1s，即由 O 1s 的信号强度来作为样品最佳测试位置判断标准。在“X-ray PSU”界面，参数设置如下。

Al(mono)(铝单色器)；

emission(发射电流)：10 mA；

Anode(阳极电压)：15 kV。

4. 开启 X 射线源

在“X-ray PSU”界面，按“standby” 键，等待 filament 一项中灯丝电流值上升稳定至 1.37 A左右，点击“on”键。在“Neutraliser gun”界面打开中和枪，按“on”键。

5. 样品最佳测试位置调节

在“Acquisition”界面，按“on” 键，开始收 snapshot 谱，对样品最佳测试位置进行手动调节。根据软件中的“Real time display”实时监控窗口中谱峰面积 area 值的变化，在 “manipulator”界面，调节各个坐标轴方向的按键(主要是 Z 轴方向)，找到信号最强的位置(即 area 值最大)。在“position table”界面点击“update position”，存储位置坐标到该样品名称下。在“Acquisition”界面先后按“restart”“off”键。

6. 数据采集

在仪器管理“vision instrument manager”窗口下，创建文件名和路径，建立宽谱(wide)和窄谱(narrow)的相关操作文件。具体参数如下。

wide(定性分析)：扫描的能量范围为 0～1 200 eV，通能(P. E.)为 80 eV，步长(Steps)为 1 eV/步，扫描时间(Dwells)为 100 s，扫描次数(Sweeps)为 1 次；

narrow(化学价态分析)：扫描的能量范围依据各元素而定，按照结合能由大到小的顺序(O1s，Ti2p，C1s)输入，通能(P. E.)为 40 eV，扫描步长为 0.1 eV/步，扫描次数可以为 1～5 次，收谱时间为 5～10 min，其中对应非导电性样品要多收 C 1s 谱来进行荷电校正。

设置完成后，按"resume"键回到自动控制状态，按"submit"键，开始按照预设路径自动收谱并存储。

7. 退样

数据采集结束后，按"manual now" 键，按"off"键关掉 X 射线枪和电子中和枪，并将样品退出分析室，送到快速进样室。

五、实验报告

(1) 简述 XPS 分析的工作原理。

(2) X 射线光电子能谱仪由哪几部分组成？并简述各部分的功能。

(3) 解释各样品的 XPS 分析谱图及相关分析结果。

六、思考题

(1) XPS 对样品及其预处理有哪些要求？

(2) XPS 进行元素定量分析的原理是什么？

(3) 在 XPS 的定性分析谱图上，经常会出现一些峰，在 XPS 的标准数据中难以找到它们的归属，这些峰应该如何归属？

(4) 对于一个不导电的有机样品，能否直接用结合能的数据进行化学价态的鉴别？应如何处理才能保证价态分析的正确性？

实验6 椭偏仪测量薄膜厚度

一、实验目的

(1) 了解椭偏仪测量薄膜参数的原理。

(2) 初步掌握反射型椭偏仪的使用方法。

(3) 理解偏振光束在界面或薄膜上反射时出现的偏振变换的过程和数字化的处理思想。

二、实验原理

椭圆偏振测量(又叫椭偏术)是研究两媒质界面或薄膜中发生的现象及其特性的一种光学方法,其原理是利用偏振光束在界面或薄膜上的反射或透射时出现的偏振变换来确定薄膜参数。椭圆偏振测量的应用范围很广,如半导体、光学掩膜、圆晶、金属、介电薄膜、玻璃(或镀膜)、激光反射镜、大面积光学膜、有机薄膜等,也可用于介电、非晶半导体、聚合物薄膜以及在薄膜生长过程中的实时监测等测量。结合计算机后,椭圆偏振测量具有可手动改变入射角度、实时测量、快速获取数据等优点。

在一光学材料上镀各向同性的单层介质膜后,光线的反射和折射在一般情况下会同时存在。通常,设介质层为 n_1, n_2, n_3, 入射角为 φ_1,那么在1,2介质交界面和2,3介质交界面会产生反射光和折射光的多光束干涉,如图6-1所示。

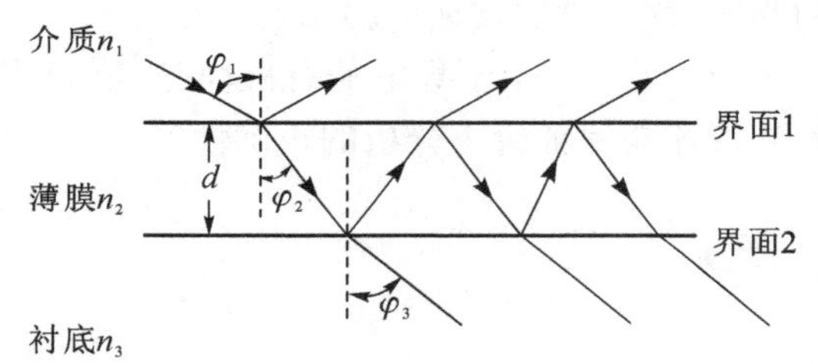

图6-1 光束在各向同性的单层介质膜上的反射与折射

这里用 2δ 表示相邻两分波的相位差,其中 $\delta=2\pi d n_2 \cos\varphi_2/\lambda$,用 r_{1p}, r_{1s}分别表示光线的p分量、s分量在界面1,2间的反射系数,用 r_{2p}, r_{2s}分别表示光线的p分量、s分量在界面2,3间的反射系数。由多光束干涉的复振幅计算可知:

$$E_{rp}=\frac{r_{1p}+r_{2p}e^{-i2\varphi}}{1+r_{1p}r_{2p}e^{-i2\delta}}E_{ip} \tag{6-1}$$

$$E_{rs}=\frac{r_{1s}+r_{2s}e^{-i2\varphi}}{1+r_{1s}r_{2s}e^{-i2\delta}}E_{is} \tag{6-2}$$

式中 E_{ip}——入射光波电矢量的p分量;

E_{is}——入射光波电矢量的s分量;

E_{rp}——反射光波电矢量的p分量;

E_{rs}——反射光波电矢量的s分量。

现将上述 E_{ip}, E_{is}, E_{rp}, E_{rs}四个量写成一个量 G,即

$$G=\frac{E_{rp}/E_{rs}}{E_{ip}/E_{is}}=\tan\psi e^{i\Delta}=\frac{r_{1p}+r_{2p}e^{-i2\varphi}}{1+r_{1p}r_{2p}e^{-i2\delta}}\frac{r_{1s}+r_{2s}e^{-i2\varphi}}{1+r_{1s}r_{2s}e^{-i2\delta}} \tag{6-3}$$

定义 G 为反射系数比，它应为一个复数，可用 $\tan\psi$ 和 Δ 表示它的模和幅角。上述公式的过程量转换可由菲涅耳公式和折射公式给出：

$$r_{1p} = (n_2\cos\varphi_1 - n_1\cos\varphi_2)/(n_2\cos\varphi_1 + n_1\cos\varphi_2) \tag{6-4}$$

$$r_{2p} = (n_3\cos\varphi_2 - n_2\cos\varphi_3)/(n_3\cos\varphi_2 + n_2\cos\varphi_3) \tag{6-5}$$

$$r_{1s} = (n_1\cos\varphi_1 - n_2\cos\varphi_2)/(n_1\cos\varphi_1 + n_2\cos\varphi_2) \tag{6-6}$$

$$r_{2s} = (n_2\cos\varphi_2 - n_3\cos\varphi_3)/(n_2\cos\varphi_2 + n_3\cos\varphi_3) \tag{6-7}$$

$$2\delta = 4\pi d n_2\cos\varphi_2/\lambda \tag{6-8}$$

$$n_1\cos\varphi_1 = n_2\cos\varphi_2 = n_3\cos\varphi_3 \tag{6-9}$$

G 是变量 n_1，n_2，n_3，d，λ，φ_1 的函数（φ_2，φ_3 可用 φ_1 表示），即 $\psi = \arctan f$，$\Delta = \arg|f|$，称 ψ 和 Δ 为椭偏参数，上述复数方程表示两个等式方程：

$$[\tan\psi e^{i\Delta}]\text{的实数部分} = \left[\frac{r_{1p} + r_{2p}e^{-i2\varphi}}{1 + r_{1p}r_{2p}e^{-i2\delta}}\ \frac{r_{1s} + r_{2s}e^{-i2\varphi}}{1 + r_{1s}r_{2s}e^{-i2\delta}}\right]\text{的实数部分}$$

$$[\tan\psi e^{i\Delta}]\text{的虚数部分} = \left[\frac{r_{1p} + r_{2p}e^{-i2\varphi}}{1 + r_{1p}r_{2p}e^{-i2\delta}}\ \frac{r_{1s} + r_{2s}e^{-i2\varphi}}{1 + r_{1s}r_{2s}e^{-i2\delta}}\right]\text{的虚数部分}$$

若能从实验测出 ψ 和 Δ 的话，原则上可以解出 n_2 和 d（n_1，n_3，λ，φ_1 已知），根据式(6-4)～式(6-9)，推导出 ψ 和 Δ 与 r_{1p}，r_{1s}，r_{2p}，r_{2s} 和 δ 的关系如下：

$$\tan\psi = \left[\frac{r_{1p}^2 + r_{2p}^2 + 2r_{1p}r_{2p}\cos 2\delta}{1 + r_{1p}^2r_{2p}^2 + 2r_{1p}r_{2p}\cos 2\delta}\ \frac{1 + r_{1s}^2r_{2s}^2 + 2r_{1s}r_{2s}\cos 2\delta}{r_{1s}^2 + r_{2s}^2 + 2r_{1s}r_{2s}\cos 2\delta}\right]^{1/2} \tag{6-10}$$

$$\Delta = \arctan\frac{-r_{2p}(1 - r_{1p}^2)\sin 2\delta}{r_{1p}(1 + r_{2p}^2) + r_{2p}(1 + r_{1p}^2)\cos 2\delta} - \arctan\frac{-r_{2s}(1 - r_{1s}^2)\sin 2\delta}{r_{1s}(1 + r_{2s}^2) + r_{2s}(1 + r_{1s}^2)\cos 2\delta} \tag{6-11}$$

这就是椭偏仪测量薄膜的基本原理。若 d 已知，n_2 为复数的话，也可求出 n_2 的实部和虚部。那么，在实验中是如何测定 ψ 和 Δ 的呢？先用复数形式表示入射光和反射光：

$$\left.\begin{aligned}\dot{E}_{ip} &= |E_{ip}|e^{i\beta_{ip}}\\ \dot{E}_{is} &= |E_{is}|e^{i\beta_{is}}\\ \dot{E}_{rp} &= |E_{rp}|e^{i\beta_{rp}}\\ \dot{E}_{rs} &= |E_{rs}|e^{i\beta_{rs}}\end{aligned}\right\} \tag{6-12}$$

由式(6-3)和式(6-12)，可得

$$G = \tan\psi e^{i\Delta} = \frac{|E_{rp}/E_{rs}|}{|E_{ip}/E_{is}|}e^{i\{(\beta_{rp}-\beta_{rs})-(\beta_{ip}-\beta_{is})\}} \tag{6-13}$$

其中，

$$\tan\psi = \frac{|E_{rp}/E_{rs}|}{|E_{ip}/E_{is}|}$$

$$e^{i\Delta} = e^{i\{(\beta_{rp}-\beta_{rs})-(\beta_{ip}-\beta_{is})\}} \tag{6-14}$$

这时需测四个量，即分别测入射光中的两分量振幅比和相位差及反射光中的两分量振幅比和相位差，如设法使入射光为等幅椭偏光，即 $E_{ip}/E_{is}=1$，则 $\tan\psi=|E_{rp}/E_{rs}|$；对于相位角，有

$$\Delta=(\beta_{rp}-\beta_{rs})-(\beta_{ip}-\beta_{is}) \Rightarrow \Delta+\beta_{ip}-\beta_{is}=\beta_{rp}-\beta_{rs} \tag{6-14}$$

因为入射光 $\beta_{ip}-\beta_{is}$ 连续可调，调整仪器，使反射光成为线偏光，即 $\beta_{rp}-\beta_{rs}=0$ 或 π，则 $\Delta=-(\beta_{ip}-\beta_{is})$ 或 $\Delta=\pi-(\beta_{ip}-\beta_{is})$，可见 Δ 只与反射光的 p 波和 s 波的相位差有关，可由起偏器的方位角求得。对于特定的膜，Δ 是定值，只要改变入射光两分量的相位差 $(\beta_{ip}-\beta_{is})$，肯定会找到特定值使反射光成为线偏光，即 $\beta_{rp}-\beta_{rs}=0$ 或 π。

三、实验仪器

椭偏仪平台及配件，He-Ne 激光器及电源，起偏器，检偏器，四分之一波片等。

四、实际检测方法

1. 等幅椭圆偏振光的获得(实验光路如图 6-2)

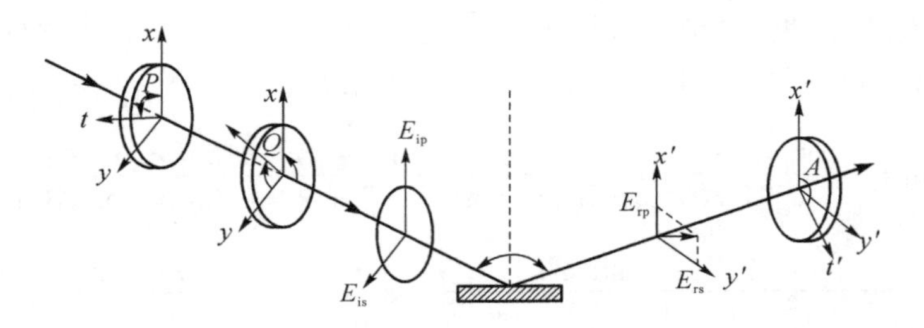

图 6-2　实验光路图

(1) 平面偏振光通过四分之一波片，使其具有 $\pm\pi/4$ 相位差。

(2) 使入射光的振动平面和四分之一波片的主截面夹角为 45°。

2. 反射光的检测

将四分之一波片置于其快轴方向 f 与 x 方向的夹角 α 为 $\pi/4$ 的方位，$\boldsymbol{E}_0$ 为通过起偏器后的电矢量，P 为 $\boldsymbol{E}_0$ 与 x 方向的夹角。通过四分之一波片后，$\boldsymbol{E}_0$ 沿快轴的分量与沿慢轴的分量比较，相位上超前 $\pi/2$.

$$E_f=E_0 e^{i\pi/2}\cos\left(P-\frac{\pi}{4}\right)$$

$$E_s=E_0\sin\left(P-\frac{\pi}{4}\right)$$

在 x 轴、y 轴上的分量如下：

$$E_x=E_f\cos(\pi/4)-E_s\sin(\pi/4)=\frac{\sqrt{2}}{2}E_0 e^{i\pi/2}e^{i(P-\pi/4)}$$

$$E_y=E_f\sin(\pi/4)+E_s\cos(\pi/4)=\frac{\sqrt{2}}{2}E_0 e^{i\pi/2}e^{-i(P-\pi/4)}$$

由于 x 轴在入射面内，而 y 轴与入射面垂直，如图 6-3 所示，故 E_x就是E_{ip}，E_y就是E_{is}。

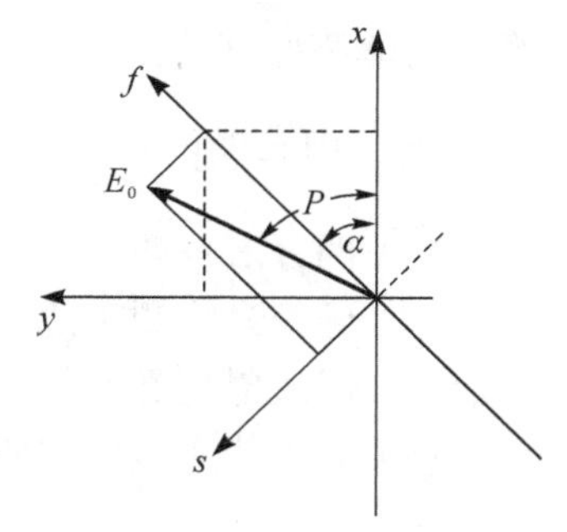

图 6-3 四分之一波片快轴的取向

$$E_{ip}=\frac{\sqrt{2}}{2}E_0 e^{i\left(\frac{\pi}{4}+P\right)}$$

$$E_{is}=\frac{\sqrt{2}}{2}E_0 e^{i\left(\frac{\pi}{4}-P\right)}$$

由此可见，当 $\alpha=\pi/4$ 时，入射光的两分量的振幅均为 $\sqrt{2}E_0/2$，它们之间的相位差为 $2P-\frac{\pi}{2}$，改变 P 的数值可得到相位差连续可变的等幅椭圆偏振光。这一结果可写成：

$$|E_{ip}/E_{is}|=1,$$

$$\beta_{ip}-\beta_{is}=2P-\frac{\pi}{2}$$

同理，当 $\alpha=-\pi/4$ 时，入射光的两分量的振幅也为$\sqrt{2}E_0/2$，相位差为 $\left(\frac{\pi}{2}-2P\right)$。

五、实验内容和步骤

(1) 按调分光计的方法调整好主机。

(2) 调整水平度盘。

(3) 调整光路。

(4) 调整和固定检偏器读数头位置。

(5) 调整与固定起偏器读数头位置。

(6) 调整四分之一波片零位。

(7) 将样品放在载物台中央，旋转载物台使其达到预定的入射角 70°，即望远镜转过 40°，并使反射光在白屏上形成一亮点。

(8) 为了尽量减小系统误差，采用四点测量。

(9) 将相关数据输入“椭偏仪数据处理程序”，确定范围后，可以利用逐次逼近法，求出与之对应的 d 和 n。由于仪器本身的精度的限制，可将 d 的误差控制在 1 Å 左右，n 的误差控制在 0.01 左右。

六、数据记录与处理

表 6-1 椭圆偏振仪测量薄膜厚度及折射率数据表

入射角 φ_i	测量次数	1	2	3	4	5	平均
$\varphi_1=$	P_1						
	A_1						
$\varphi_2=$	P_2						
	A_2						

将表 6-1 中所列的 P_1，A_1和 P_2，A_2加上测量时对应的角度 φ，分别代入公式，就能求出

真实的薄膜厚度。

七、思考题

(1) 四分之一波片的作用是什么?

(2) 椭偏光法测量薄膜厚度的基本原理是什么?

(3) 用反射型椭偏仪测量薄膜厚度时,对样品的制备有什么要求?

(4) 为了使实验更加便于操作及测量的准确性,你认为该实验中哪些地方需要改进?

实验 7　粉体比表面积的测定

一、实验目的和要求

(1) 了解气体在固体表面物理吸附的基本概念，掌握 BET 多分子层吸附理论的基本假设。

(2) 用 BET 法测定活性炭、沸石等的比表面积。

二、实验原理

处于固体表面上的原子或分子有表面自由能，当气体分子与其接触时，有一部分会暂时停留在表面上，使得固体表面上气体的浓度大于气相中的浓度，这种现象称为气体在固体表面上的吸附作用。通常把能有效地吸附气体的固体称为吸附剂；被吸附的气体称为吸附质。吸附剂对吸附质吸附能力的大小由吸附剂、吸附质的性质、温度和压力决定。吸附量是描述吸附能力大小的重要物理量，通常用单位质量(或单位表面积)吸附剂在一定温度下在吸附达到平衡时所吸附的吸附质的体积(或质量、物质的量等)来表示。

单位固体质量所具有的表面积称为比表面积，比表面积和孔径大小及分布是描述吸附剂的重要宏观结构参数。测定固体比表面积的基本设想是测出在吸附剂表面上某吸附质分子铺满一层所需的分子数，再乘以这种物质每个分子所占的面积，即为该固体的比表面积。因而，比表面积的测定实质上是求出某种吸附质的单分子层饱和吸附量。测定吸附量的一般原则是在一定的温度下将一定量的吸附剂置于吸附质气体中，达到吸附平衡后根据吸附前后气体体积和压力的变化或直接称量的结果计算吸附量。

对于一定的吸附剂和吸附质，在指定温度下吸附量与气体平衡压力的关系曲线称为吸附等温线。吸附等温线有多种类型，描述等温线的方程称为吸附等温式(方程)，BET 方程是多分子层吸附理论中应用最广泛的等温式。

BET 理论的基本假设是：吸附剂表面是均匀的；吸附质分子间没有相互作用；吸附可以是多分子层的；第二层以上的吸附热等于吸附质的液化热。由这些假设出发可推导出 BET 公式：

$$\frac{p}{V(p_0-p)}=\frac{1}{V_m C}+\frac{(C-1)p}{V_m C p_0} \tag{7-1}$$

式中　V——当气体平衡压力为 p 时的吸附量；

V_m——单分子层饱和吸附量；

p_0——在吸附温度时吸附质气体的饱和蒸气压；

C——与吸附热有关的常数。

显然，若实验结果服从 BET 方程，则根据测定结果以 $p/V(p_0-p)$ 对 p/p_0 作图可得一直线，由该直线的斜率和截距可求出 $V_m=\frac{1}{\text{斜率}+\text{截距}}$。

若 V_m 以标准状态下的体积(mL)度量，则比表面积 S 为

$$S = \frac{V_m N_A \sigma}{22\ 400\ W} \tag{7-2}$$

式中 N_A——阿伏伽德罗常数；

σ——每个吸附质分子的截面积；

W——吸附剂质量，g；

22 400——标准状态下 1 mol 气体的体积，mL。

吸附质分子的截面积可由多种方法求出，其中应用较多的一种方法是利用下式计算：

$$\sigma = 1.09\left(\frac{M}{N_A d}\right)^{\frac{2}{3}} \tag{7-3}$$

式中 M——吸附质的分子量；

d——在吸附温度下吸附质的密度。

对于氮气，在 78K 时 σ 常取的值是 0.162 nm^2。

BET 公式的应用范围是 p/p_0 为 0.05～0.35，这是在测定吸附量和数据处理时要特别注意的。当 $C \gg 1$ 时（对于许多吸附剂在 -196 ℃吸附氮时 C 值通常都很大），式(7-1)可简化为

$$\frac{p}{V(p_0 - p)} = \frac{p}{V_m p_0}$$

即 $p/V(p_0 - p)$ 对 p/p_0 作图所得直线截距接近零，故而 $V_m = \frac{1}{\text{斜率}}$。因此，在这种情况下只要选测 p/p_0 为 0.05～0.35 时任一点的吸附量 V 值，即可计算出 V_m。此方法是在特定条件下 BET 法的简化方法，常称为一点法。本实验以 BET 公式为基础，以氮气为吸附质，根据 BET 公式 p/p_0 为 0.05～0.35 的要求，将氮气通入样品管，当装有待测样品的样品管处于液氮温度时，氮气被样品所吸附。

三、实验设备和材料

TriStar 3020 全自动比表面仪（图 7-1），高纯氦气，高纯氮气，液氮，分析天平，待测样品。

图 7-1 TriStar 3020 全自动比表面仪

四、实验内容和步骤

1. 准备工作

检查气瓶压力，控制其值为 0.1～0.15 MPa；确保杜瓦瓶内有足够液氮。

2. 开机

开外围设备，外围设备包括气体、泵、电脑等；开主机电源；打开应用软件。

3. 样品准备

称量样品、样品管的质量；将样品管放入脱气站进行脱气处理，脱气后冷却至室温，再次称量样品管；把样品管安装到分析站上；将杜瓦瓶添满液氮，放到升降台上，关上舱门。

4. 样品分析

建立样品文件；设定参数，包括样品信息、样品管信息、脱气条件、分析条件；开始分析；分析结束，输出报告。

5. 关机

依次退出软件，关电脑，关主机，关泵，关气体。

五、实验注意事项

(1) 对于密度小的粉末样品，建议在 2 MPa 压力下压片后测试。

(2) 通常待分析样品能提供 15～150 m^2 的比表面，适合氮气吸附分析。对于比表面较大的样品，样品量要少，但样品质量不得小于 100 mg。

(3) 不要用手触摸样品以免将油脂粘在了样品表面上。

(4) 分析时将玻璃舱门关上，以保证安全。

(5) 升降台下不要堆放杂物。

六、实验报告

根据实验数据计算不同 p/p_0 值时的 $\frac{p}{V(p_0-p)}$ 值，以 p/p_0 为横坐标，$\frac{p}{V(p_0-p)}$ 为纵坐标作图，将得到一条近似直线，其斜率即为 $\frac{1}{V_m}$，根据式(7-2)即可求出比表面积，将计算得到的比表面积与软件给出的比表面积进行对比。

七、思考题

(1) 简述 BET 法测定固体表面积的原理。

(2) 实验中有哪些注意事项？分别对实验结果有什么影响？

实验8 用激光粒度分析仪测定粉体的粒度分布

一、实验目的和要求

（1）了解激光粒度分析仪的基本组成、工作原理和操作规程。

（2）了解激光粒度分析仪的主要测试功能和用途。

（3）掌握激光粒度分析仪的样品处理、送样要求和分析时的注意事项。

二、实验原理

（一）激光粒度分析仪介绍

激光粒度分析仪是利用粒子的布朗运动和光的散射原理测量颗粒大小的，尤其适合测量粒度分布范围较宽的粉体和液体雾滴。对粒度均匀的粉体，比如磨料微粉，要慎重选用。激光粒度分析仪对提高产品质量、降低能源消耗有着重要的意义，具有测量速度快、动态范围大、操作简便、重复性好等优点，已经在其他粉体加工与应用领域得到了广泛应用，逐渐成为全世界最流行的粒度测试仪器。

（二）激光粒度分析仪的工作原理

激光粒度分析仪是根据颗粒能使激光产生散射这一物理现象测试粒度分布的。由于激光具有很好的单色性和极强的方向性，所以在没有阻碍的无限空间中激光将会照射到无穷远的地方，并且在传播过程中很少有发散的现象，如图 8-1 所示。

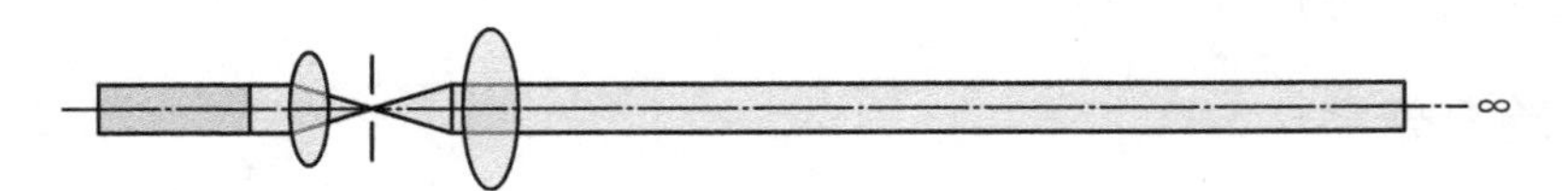

图 8-1 激光束在无阻碍状态下的传播示意图

米氏散射理论表明，当光束遇到颗粒阻挡时，一部分光将发生散射现象，散射光的传播方向将与主光束的传播方向形成一个夹角 θ，θ 的大小与颗粒的大小有关，颗粒越大，产生的散射光的 θ 就越小；颗粒越小，产生的散射光的 θ 就越大。即小角度(θ)的散射光是由大颗粒引起的；大角度(θ_1)的散射光是由小颗粒引起的，如图 8-2 所示。进一步的研究表明，散射光的强度代表该粒径颗粒的数量。这样，测量不同角度上的散射光的强度，就可以得到样品的粒度分布了。

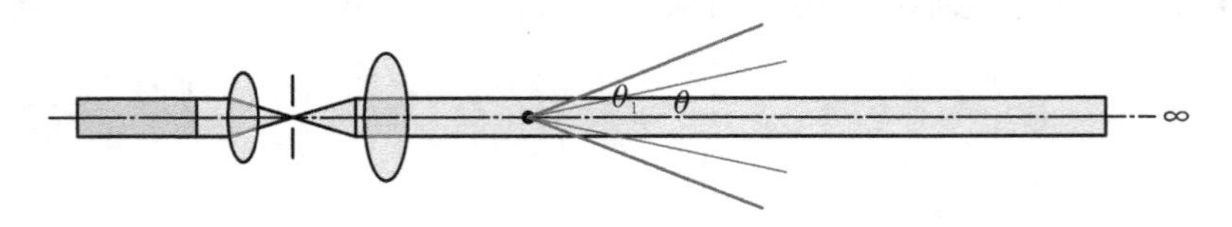

图 8-2 不同粒径的颗粒产生不同角度的散射光

为了测量不同角度上的散射光的光强，需要运用光学手段对散射光进行处理。我们在光束中适当位置上放置一个富氏透镜，在该富氏透镜的后焦平面上放置一组多元光电探测器，不

同角度的散射光通过富氏透镜照射到多元光电探测器上时，光信号将被转换成电信号并传输到电脑中，通过专用软件对这些信号进行处理，就会准确地得到粒度分布了，如图 8-3 所示。

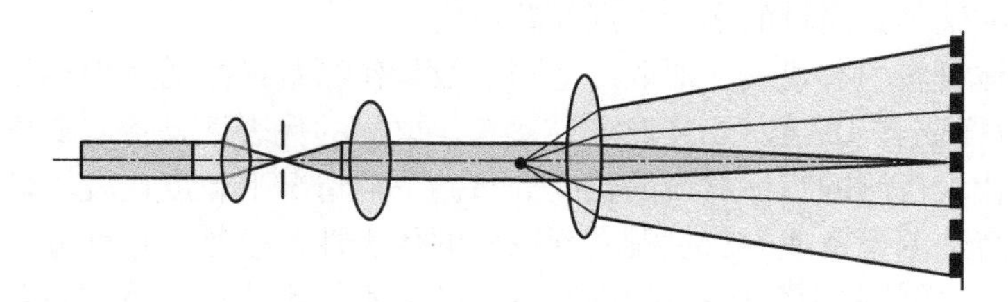

图 8-3　激光粒度分析仪原理

光在传播中，波前受到与波长尺度相当的隙孔或颗粒的限制，以受限波前处各元波为源的发射在空间干涉而产生衍射和散射，衍射和散射的光能的空间（角度）分布与光波波长和隙孔或颗粒的尺度有关。用激光作光源，光为波长一定的单色光，衍射和散射的光能的空间（角度）分布就只与粒径有关。对颗粒群的衍射，各颗粒级的多少决定着对应各特定角处获得的光能量的大小，各特定角光能量在总光能量中的比例，应反映出各颗粒级的分布丰度。按照这一思路可建立表征粒度级丰度与各特定角处获取的光能量的数学物理模型，进而研制仪器，测量光能，由特定角度测得的光能与总光能的比较推算出颗粒群相应粒径级的丰度比例值。

三、实验仪器和材料

（1）实验仪器：激光粒度仪（图 8-4）。

（2）实验材料：粉体。

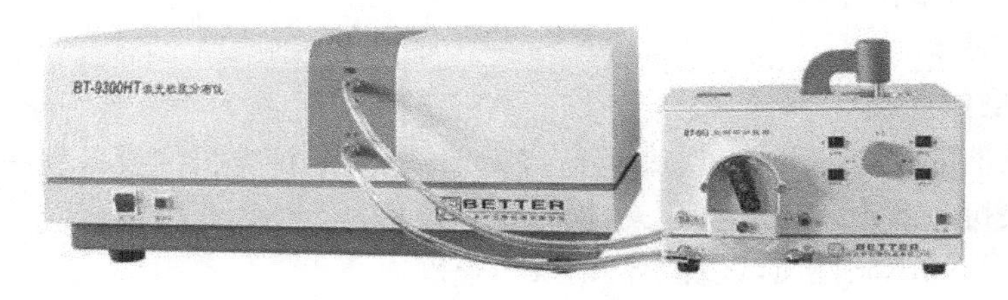

图 8-4　激光粒度仪

四、实验内容和步骤

（一）样品准备

样品准备是指从待测的粉体材料中有代表性地取出适当的数量作测量样品，选取适当的悬浮液和分散剂，将样品与悬浮液混合，并让样品颗粒在分散剂的辅助之下在悬浮液中充分分散，而又不与悬浮液和分散剂发生化学反应的过程。

适当的悬浮液须满足如下几个条件：

（1）与待测颗粒不发生化学反应，亦不使颗粒溶解；

（2）能浸润颗粒；

（3）使用后进样器容易清洗；

（4）成本比较低廉。

水是最常用的悬浮液。

分散剂是用来增强颗粒与悬浮液的亲和性，减小颗粒与颗粒之间的团聚力的化学试剂。常见的有六偏磷酸钠等。用量的多少根据经验而定。

从待测的粉体材料中有代表性地取出适当的数量作测量样品的过程称作取样。取样的要点有两个：一是取样要有代表性；二是取样要适量。取样的代表性是指测量样品的粒度分布在一定程度上能够代表待测的粉体材料的粒度分布。一般情况下粒度比较均匀且混合充分的粉体材料不需借助特殊的设备或方法也能实现取样的代表性。但是对粒度分布范围较宽或混合不够充分的样品，取样就要十分注意，否则测量的结果不一定能代表待测材料的真实粒度。取样的适量是指样品与悬浮液混合后要有适当的浓度。浓度的高低是通过遮光比来定量表示的。对本仪器，遮光比一般控制为8%～12%。原则是：在不造成复散射的前提下，浓度尽可能地高。为了保证结果的重现性，测同一个样品时，遮光比尽可能一致。显然，为达到同样的遮光比，使用循环进样器时，取样量就要大一些；如果使用静态样品时，取样量则要小得多。

准备样品的步骤如下：

(1) 在50 mL的量杯内盛大约30 mL的悬浮液(以循环进样器为例)。

(2) 用取样勺有代表性地取适量的待测样品，投入量杯中。

(3) 在量杯内滴入适量的分散剂，用玻璃棒搅拌悬浮液；样品与液体应混合良好，否则要更换悬浮液或分散剂。

(4) 将量杯放入超声波清洗机中，让清洗槽内的液面达到量杯总高度的1/2左右，打开电源，让其振动2 min左右(振动时间可长可短，视具体样品而定；对容易下沉的样品，应一边振动，一边用玻璃棒搅拌)。

(5) 关掉电源，取出量杯。

样品准备完毕。

(二) 测量操作规程

(1) 打开仪器的主电源开关，预热15～20 min后，开启计算机的设备程序。

(2) 打开泵机和超声波振动仪开关，检查仪器设备是否运行正常。

(3) 根据样品的不同性质，设置不同的泵机速度。

(4) 根据样品的需要，确定是否开启超声波仪。如需开启，确定超声波振动仪的强度。

(5) 设定测试样品的光学参数、样品编号，然后采用二次水测定样品背景。

(6) 背景测定后，加入分散好的样品，控制其浓度在测试范围内，在分散体系的浓度稳定后开始测定。

(7) 收集数据并对数据进行必要的处理。

(8) 测试结束后，将管道和样品槽中的溶液全部排除，同时用二次水对样品槽、管道进行清洗，以便下次测量。

(9) 测试结束后，关闭电源，并将搅拌器用二次水浸泡。

五、实验报告

(1) 简述激光光散射测粒度的实验原理。

(2) 如何准备实验样品？

六、思考题

(1) 测量粒度还有哪些方法？它们与激光光散射法相比有何优缺点？
(2) 影响粒度分析准确度的主要因素有哪些？
(3) 在粒度分析测试报告表上，粒度分布曲线的纵横坐标有何含义？
(4) 样品的粒度分析对分散剂有什么要求？在粒度分析中，分散剂可分为哪几类？
(5) 为什么粒度分析需要知道样品的光学参数？

第二章 材料的力学性能及其测试分析

实验9 铸铁和低碳钢硬度的测量

一、实验目的

(1) 了解布氏硬度、洛氏硬度和维氏硬度的测试原理。

(2) 了解布氏硬度计、洛氏硬度计和维氏硬度计的结构。

(3) 掌握布氏硬度计、洛氏硬度计和维氏硬度计的测试方法。

二、实验原理

(一) 硬度

硬度是指材料局部抵抗塑性变形或破裂的能力,是比较各种材料软硬程度的指标,是重要的力学性能之一。在材料研究中,硬度测试的目的,并不一定是表征材料的使用性能,而是通过硬度实验获得材料微观结构的相关信息。

由于规定了不同的测试方法,所以有不同的硬度标准。各种硬度标准的力学含义不同,相互之间不能直接换算,但可通过试验加以对比。硬度包括如下几种。

(1) 划痕硬度。主要用于比较不同矿物的软硬程度,方法是选一根一端硬一端软的棒,将被测材料沿棒划过,根据出现划痕的位置确定被测材料的软硬程度。定性地说,硬物体划出的划痕长,软物体划出的划痕短。

(2) 压入硬度。主要用于金属材料,方法是用一定的载荷将规定的压头压入被测材料,用材料表面局部塑性变形的大小比较被测材料的软硬程度。由于压头、载荷以及载荷持续时间的不同,压入硬度有多种,主要包括布氏硬度、洛氏硬度、维氏硬度和显微硬度等几种。

(3) 回跳硬度。主要用于金属材料,方法是使一特制的小锤从一定高度自由下落冲击被测材料的试样,并以试样在冲击过程中储存(继而释放)应变能的多少(通过小锤的回跳高度测定)确定材料的硬度。

(二) 硬度测试原理

测定钢铁硬度最一般的方法是用锉刀在工件边缘上锉擦,通过观察其表面所呈现的擦痕深浅来判定其硬度的大小。这种方法称为锉试法,这种方法简便但不太科学。用硬度试验机来试验则比较准确,这也是现代硬度试验常用的方法。硬度试验根据其测试方法的不同可分为静压法(如布氏硬度、洛氏硬度、维氏硬度等),划痕法(如莫氏硬度),回跳法(如肖氏硬度)及

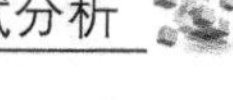

显微硬度、高温硬度等多种方法。其中常用的硬度测定方法有布氏硬度、洛氏硬度和维氏硬度测试方法，下面分别对这三种硬度测试原理作一介绍。

1. 布氏硬度的测试原理

布氏硬度用符号 HB 表示。这种测试方法是把规定直径的硬质合金球以一定的试验力压入所测材料的表面(图 9-1)，保持规定时间后，测量表面压痕直径(图 9-2)，然后按下式计算硬度：

$$HBW = \frac{p}{F} = \frac{2p}{\pi D(D - \sqrt{D^2 - d^2})} \tag{9-1}$$

式中　HBW——用硬质合金球测试时的布氏硬度值；

p——载荷，kg，1 kg 的质量相当于 9.8 N 大小的力；

D——压头钢球直径，mm；

d——压痕平均直径，mm；

F——压痕面积，mm^2。

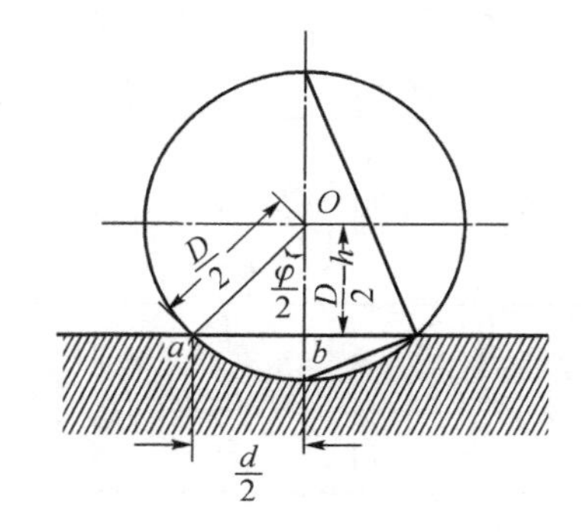

图 9-1　布氏硬度测量示意图

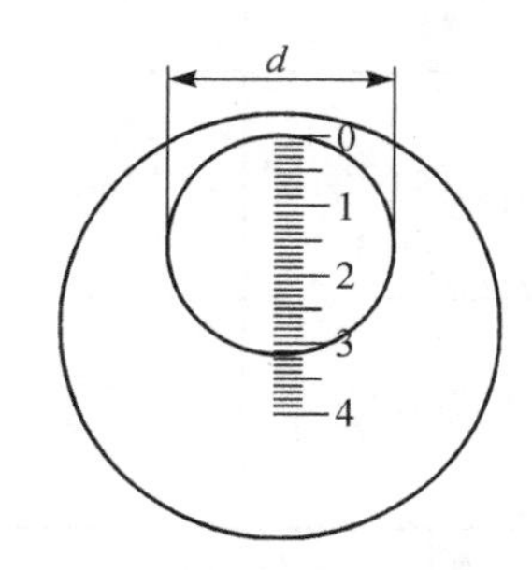

图 9-2　用读数显微镜测量压痕直径

根据式(9-1)，只需要测出压痕直径 d，根据已知 D 和 p 值就可以计算出 HB 值。布氏硬度习惯上不标出单位。生产中已专门制定了平面布氏硬度值(计算表见附录)，用读数显微镜测出压痕直径后，直接查表就可获得 HB 硬度值。

由于金属材料有硬有软，所测工件有厚有薄，因此在测定不同材料的布氏硬度值时就要求有不同的载荷 p 和钢球直径 D。为了得到统一的、可以相互进行比较的数值，必须使 p 和 D 之间维持某一比值关系，以保证所得到的压痕形状的几何相似关系，其必要条件就是压入角 φ 保持不变。

根据相似原理，由图 9-1 所示可知 d 和 φ 的关系如下：

$$d = D\sin\frac{\varphi}{2} \tag{9-2}$$

将式(9-2)代入式(9-1)可得

$$HB = \frac{p}{D^2}\left[\frac{2}{\pi\left(1 - \sqrt{1 - \sin^2\frac{\varphi}{2}}\right)}\right] \tag{9-3}$$

由式(9-3)可知，当 φ 为常数时，为使 HB 值相同，$\frac{p}{D^2}$ 也须保持为一定值。因此对同一材料而言，不论采用何种大小的载荷和钢球直径，只要能满足 $\frac{p}{D^2}$ 为常数，所得的 HB 值是一样的。对不同材料来说，所得的 HB 值也是可以进行比较的。按照 GB 231—63 的规定，$\frac{p}{D^2}$ 的值有 30，10 和 2.5 三种，具体试验数据和适用范围可参考表 9-1。

表 9-1　布氏硬度试验规范

材料	硬度范围 HB	试样厚度 /mm	p/D^2	钢球直径 D /mm	载荷 p /kgf①	载荷保持时间 /s
黑色金属	140～450	6～3	30	10	3 000	10
		4～2		5	750	
		<2		2.5	187.5	
	140	>6	10	10	1 000	10
		6～3		5	250	
		<3		2.5	62.5	
铜合金及镁合金	36～130	>6	10	10	1 000	30
		6～3		5	250	
		<3		2.5	62.5	
铝合金及轴承合金	8～35	>6	2.5	10	250	60
		6～3		5	62.5	
		<3		2.5	15.6	

布氏硬度测试法的优点是：压痕面积较大，能够较精确地反映试样的硬度；实验数据稳定，重复性好。其缺点是：需要经常更换压头与载荷，测量过程较麻烦，不适宜测定成品件和较薄的材料。

2. 洛氏硬度的测试原理

洛氏硬度用符号 HR 表示。洛氏硬度的测量原理是以压头留下的压痕深度来表示材料的硬度值，压痕深度 h 越深，材料硬度越大。实验方法是采用顶角为 120°的金刚石圆锥体或直径为 1/16 in② 的淬火钢球压入金属表面，如图 9-3 所示。洛氏硬度测定时，需要先后两次加载负荷，称为初负荷和主负荷。施加初负荷的目的是使压头与试样表面接触良好，以保证实验结果的准确性。洛氏硬度以主负荷所引起的残余压入深度 $h=h_2-h_3$ 来表示。

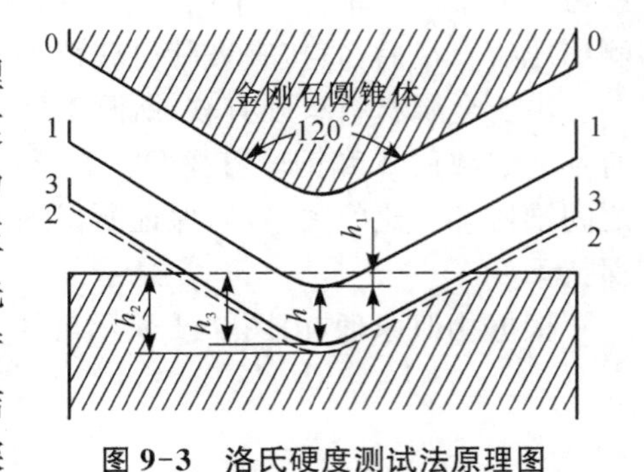

图 9-3　洛氏硬度测试法原理图

1—加初负荷 10 kg 后；2—加主负荷后；3—卸除主负荷后

如果直接用压痕深度的大小来作计量硬度值的指

① 1 kgf=9.806 65 N。

② 1 in=25.4 mm。

标，势必造成越硬的材料洛氏硬度值反而越小，而越软的材料的洛氏硬度值反而越大，不符合人们的习惯。为了与习惯上数值越大硬度越大的概念相一致，将测试结果作如下处理：

$$HR = K - \frac{h}{0.002} \tag{9-4}$$

式中　HR——洛氏硬度代号；

K——常数，采用金刚石圆锥时 $K=0.2$(用于 HRA，HRC)，采用钢球时 $K=0.26$(用于 HRB)。

式(9-4)中，规定每 0.002 mm 压痕深度为 1 HR。

根据金属材料软硬程度不同，洛氏硬度实验可选用不同的压头和载荷配合使用，最常用的是 HRA、HRB 和 HRC。这三种洛氏硬度的压头、负荷及使用范围列于表 9-2。

表 9-2　常见洛氏硬度的试验规范及使用范围

标尺所用符号/压头	总负荷/kgf	表盘上刻度颜色	测量范围	相当维氏硬度值	应　用　范　围
HRA 金刚石圆锥	60	黑色	70～85	390～900	碳化物、硬质合金、淬火工具钢、浅层表面硬化层
HRB 1/16"钢球	100	红色	25～100	60～240	软钢(退火态、低碳钢正火态)、铝合金
HRC 金刚石圆锥	150	黑色	20～67	249～900	淬火钢、调质钢、深层表面硬化层

注：(1) 金刚石圆锥的顶角为 120°+30′，顶角圆弧半径为 0.21±0.01 mm；
(2) 初负荷均为 10 kgf。

洛氏硬度测试的优点：方法简单迅速，可测量最软至最硬的材料；压痕小，故可测量成品及较薄零件的硬度。其缺点：由于压痕小，对组织和硬度不均匀的材料，测试结果不准确，重复性差；不同标尺的洛氏硬度法无法相互比较。

3. 维氏硬度的测试原理

维氏硬度用符号 HV 表示。维氏硬度的测试原理与布氏硬度基本相同，也是根据压痕单位面积所承受载荷来计算硬度值。所不同的是维氏硬度实验所用的压头是两相对面夹角为 136°的金刚石四棱锥，其测试原理如图 9-4 所示。

实验时，在材料表面以金刚石四棱锥施加载荷 F，得到一个四方锥形压痕，测量压痕的对角线长度分别为 d_1 和 d_2，取其平均值 d 用以计算压痕的平均面积 S，然后按下式计算硬度：

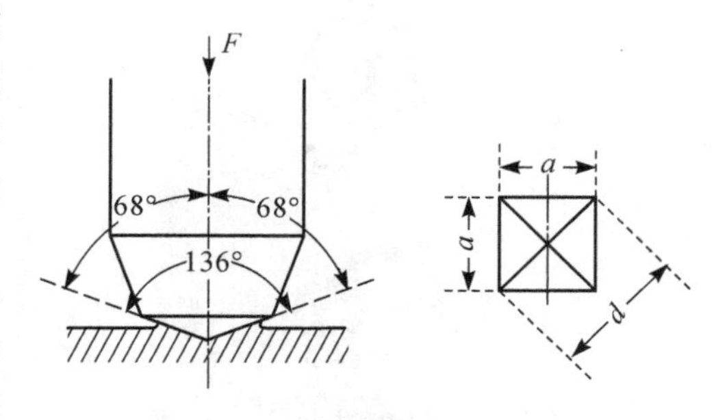

图 9-4　维氏硬度测试原理图

$$HV = \frac{0.102F}{A} = \frac{0.204F\sin(136°/2)}{d^2} = 0.1891\frac{F}{d^2} \tag{9-5}$$

式中　F——载荷，N；

A——压痕面积，mm^2；

d——压痕对角线长度，mm；

0.102——常数，是万有引力常数 g 的倒数。

维氏硬度试验的优点：压痕是正方形，轮廓清晰，对角线测量准确，因此，维氏硬度的试验精度最高，重复性也很好；测量范围宽广，可以测量目前工业上所用到的几乎全部金属材料；其硬度值与加载的载荷大小无关，只要是硬度均匀的材料，可以任意选择试验力，其硬度值不变。

三、实验仪器及材料

(1) 实验仪器：HB—3000 布氏硬度试验机(图 9-5)，H—100 洛氏硬度试验机(图 9-6)和显微维氏硬度计(图 9-7)。

(2) 实验材料：铸铁、低碳钢。

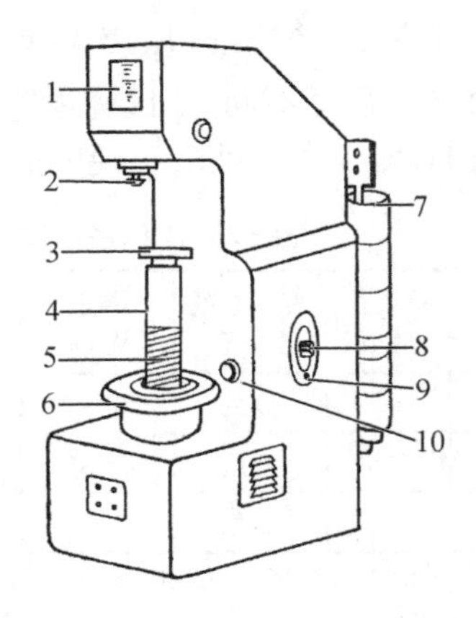

图 9-5　HB—3000 布氏硬度试验机外形及结构图

1—指示灯；2—压头；3—工作台；4—立柱；5—丝杠；6—手轮；
7—载荷砝码；8—压紧螺钉；9—时间定位器；10—加载按钮

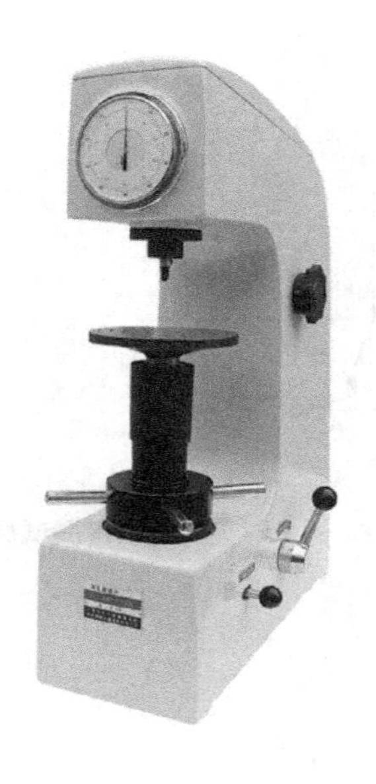

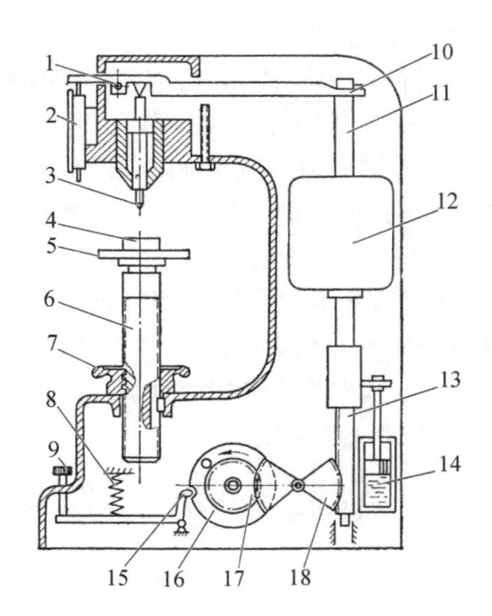

图 9-6　H—100 洛氏硬度试验机外形及结构图

1—支点；2—指示器；3—压头；4—试样；5—试样台；6—螺杆；7—手轮；8—弹簧；
9—按钮；10—杠杆；11—纵杆；12—重锤；13—齿轮；14—油压缓冲器；15—插销；
16—转盘；17—小齿轮；18—扇齿轮

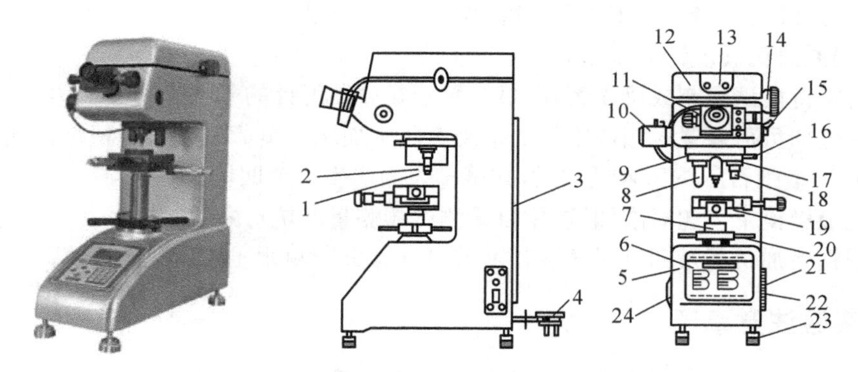

图 9-7　显微维氏硬度计外形及结构图

1—压头；2—压头螺钉；3—后盖；4—电源插头；5—主体；6—显示操作面板；7—升降丝杆；8—10×物镜；9—定位弹片；10—测量照明灯座；11—数字式测微目镜；12—上盖；13—照相接口盖；14—实验力变换手轮；15—照相、测量转换拉杆；16—物镜、压头转换手轮；17—转盘；18—40×物镜；19—十字试台；20—旋轮；21—电源指示灯；22—电源开关；23—水平调节螺钉；24—面板式打印机

四、实验内容和步骤

在了解了各种硬度计的构造和测试原理后，对不同试样，选择合适的硬度计进行测定，并根据实验条件调整载荷和更换压头。

（一）布氏硬度计测试步骤

（1）根据试样预期硬度按表 9-1 选用适当的压头、负荷及保荷时间。拧松压紧螺钉，把时间定位器（红色指示点）转到与持续时间相符的位置上。

（2）将试样放在工作台上，顺时针转动手轮使压头和试样缓慢接触，直到手轮与螺母产生相对打滑为止。

（3）打开电源开关，绿灯亮。

（4）按加载按钮，启动电动机，载荷砝码经一系列的杠杆系统传递到压头，即开始加载荷。此时因压紧螺钉已拧松，圆盘并不转动，当红色指示灯亮时，迅速拧紧压紧螺钉。达到所要求的持续时间后，即自动卸荷。从启动电动机到红灯亮为加荷阶段；红灯亮到红灯灭为保荷阶段；红灯灭到电动机停止转动为卸荷阶段。

（5）逆时针转动手轮降下工作台，取下试样用读数显微镜测出压痕直径 d 值，以此值查附录即得 HB 值。

（二）洛氏硬度计测试步骤

（1）根据试样预期硬度按表 9-2 确定压头和载荷，并装入试样机。

（2）将试样置于工作台上，顺时针旋转手轮，使试样与压头缓慢接触，直到表盘小指针指在“3”或“小红点”处，此时即已预加载荷 10 kgf。然后将表盘大指针调整至零点（HRA、HRC 零点为 0，HRB 零点为 30），可转动读数盘调整对准。

（3）向前拉动右侧下方水平方向的手柄，以施加主载荷。

（4）当指示器指针停稳后，将右后方弧形手柄向后推，卸除主载荷。

（5）读数。采用金刚石压头（HRA、HRC）时读外圈黑字，采用钢球压头（HRB）时读内圈红字。

(6) 逆时针旋转手轮，使工作台下降，取下试样，测试完毕。

(三) 显微维氏硬度计测试步骤

(1) 先将待测试样制成反光磨片试样，置于显微硬度计的载物台上。

(2) 通过加负荷装置对四棱锥形的金刚石压头加压。负荷的大小可根据待测材料的硬度不同而增减。金刚石压头压入试样后，在试样表面产生一个凹坑。

(3) 把显微镜十字丝对准凹坑，用目镜测微器测量凹坑对角线长度。

(4) 根据所加负荷及凹坑对角线长度就可计算出所测物质的显微硬度值。

五、实验注意事项

(1) 试样厚度应不小于压痕直径的 10 倍。试验后，试样背面及边缘若呈现变形痕迹，则试验无效。

(2) 压痕直径 d 须满足 $0.24D<d<0.6D$(其中 D 为钢球直径)，否则无效。

(3) 试样表面必须平整光洁无氧化膜，以使压痕边缘清晰，保证能够精确测量压痕直径。

(4) 用显微镜测量压痕直径时，应从相互垂直的两个方向上读取数据，并取其平均值。

六、实验报告

在实验报告中，须填写类似表 9-3 至表 9-5 的表格。

表 9-3　布氏硬度值测定

材料		钢球和载荷		压痕直径/mm			布氏硬度值
名称	加载时间 /s	钢球直径 D /mm	载荷大小 P /kg	d_1	d_2	$d=(d_1+d_2)/2$	HB

表 9-4　洛氏硬度值测定

材料	压头	主载荷压痕深度/mm			洛氏硬度值
	符号常数 K	h_2	h_3	$h=h_2-h_3$	HR

表 9-5　维氏硬度值测定

材料	载荷 F/N	压痕对角线长度/mm			维氏硬度值
		d_1	d_2	$d=(d_1+d_2)/2$	HV

七、思考题

（1）简述布氏硬度、洛氏硬度和维氏硬度的测试原理。
（2）说明布氏硬度、洛氏硬度和维氏硬度的表达方法及其含义。
（3）如何选择不同的方法测试材料的硬度值？

实验 10　铸铁和低碳钢的拉伸与压缩实验

一、实验目的

(1) 观察低碳钢和铸铁在拉伸和压缩过程中的各种现象。

(2) 测定拉伸时低碳钢的屈服极限(流动极限)σ_s、强度极限 σ_b,延伸率 δ 和断面收缩率 ψ;测定拉伸时铸铁的强度极限 σ_b。

(3) 绘制低碳钢与铸铁的拉伸曲线图,比较两种材料在拉伸时的力学性能和破坏形式。

(4) 测定压缩时低碳钢的流动极限 σ_s 和铸铁的强度极限 σ_b。

二、实验原理

(一) 拉伸实验原理

低碳钢试件拉伸过程可以分成四个变形阶段:弹性阶段、屈服阶段、强化阶段和断裂破坏阶段。拉伸曲线如图 10-1 所示,纵坐标为施加的载荷 F,横坐标为低碳钢试件的伸长量 Δl。

对于低碳钢材料,由图 10-1 所示曲线中的 OA 段,说明 F 正比于 Δl,此阶段称为弹性阶段。

屈服阶段(BC)常呈锯齿形,表示载荷基本不变,变形增加很快,材料失去抵抗变形能力,这时产生两个屈服点。其中,B'点为上屈服点,它受变形大小和试件等因素影响;B 点为下屈服点。下屈服点比较稳定,所以工程上均以下屈服点对应的载荷作为屈服载荷。测定屈服载荷 F_s 时,必须缓慢而均匀地加载,并应用 $\sigma_s = F_s / A_0$(A_0 为试件变形前的横截面积)计算屈服极限。

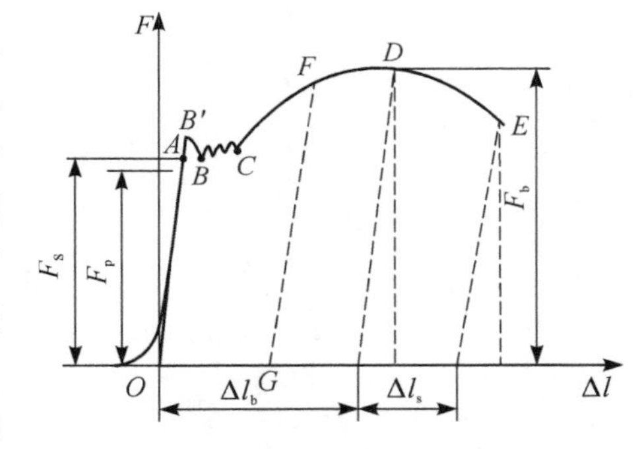

图 10-1　低碳钢拉伸曲线

屈服阶段结束后,要使试件继续变形,就必须增加载荷,材料进入强化阶段。在载荷达到强度载荷 F_b 后,在试件的某一局部发生显著变形,载荷逐渐减小,直至试件断裂。应用公式 $\sigma_b = F_b / A_0$ 计算强度极限(A_0 为试件变形前的横截面积)。根据拉伸前后试件的标距长度和横截面面积,计算出低碳钢的延伸率 δ 和断面收缩率 ψ,即

$$\delta = \frac{l_1 - l_0}{l_0} \times 100\%$$

$$\psi = \frac{A_0 - A_1}{A_0} \times 100\%$$

式中　l_0——试件拉伸前的标距长度;

l_1——试件拉伸后的标距长度;

A_1——颈缩处的横截面积。

铸铁等脆性材料的拉伸曲线不像低碳钢拉伸那样明显地分为四个阶段,而是一条接近直

线的曲线，且载荷没有下降段，如图 10-2 所示。它是在非常小的变形下突然断裂的，断裂后几乎观察不到残余变形。只要测定它的强度极限 σ_b 就可以了。

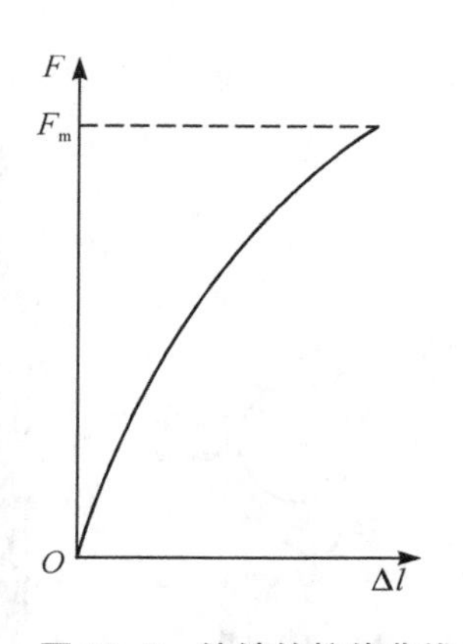

图 10-2 铸铁的拉伸曲线

实验前测定铸铁试件的横截面积 A_0，然后在试验机上缓慢加载，直到试件断裂，记录其最大载荷 F_m，求出其强度极限 σ_b。

(二) 压缩实验原理

低碳钢压缩时也会发生屈服，但并不像拉伸那样有明显的屈服阶段，如图 10-3 所示。因此，在测定屈服载荷 F_s 时要特别注意观察。在缓慢均匀加载下，测力指针等速转动，当材料发生屈服时，测力指针转动将减慢，甚至倒退。这时对应的载荷即为 F_s。屈服之后加载到试件产生明显变形即停止加载。这是因为低碳钢受压时变形较大而不破裂，因此愈压愈扁。横截面增大时，其实际应力不随外载荷增加而增加，故不可能得到最大载荷 F_b，因此也得不到强度极限 σ_b，故在实验中是以变形来控制加载的。

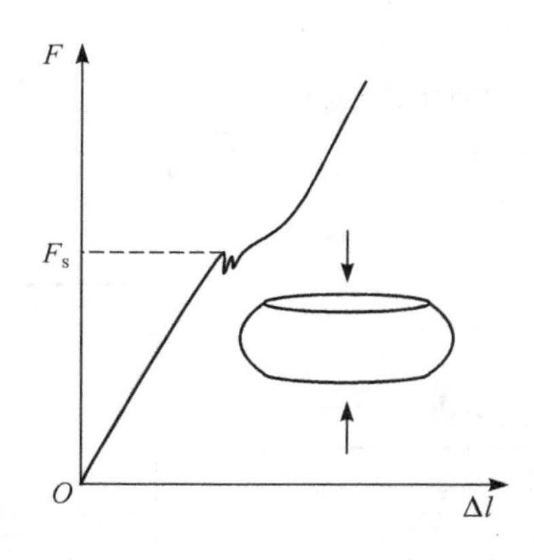

图 10-3 低碳钢的压缩曲线

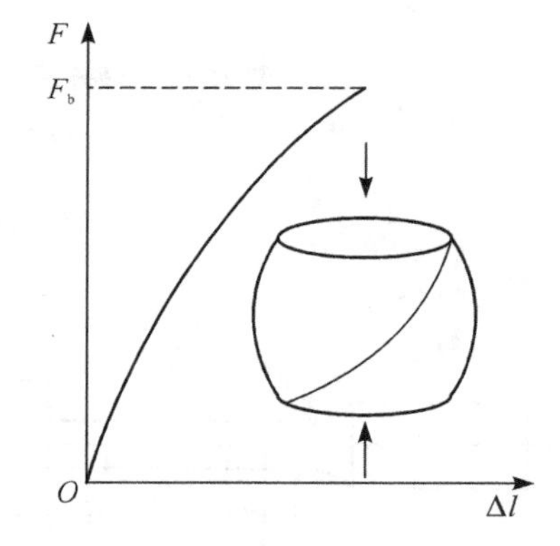

图 10-4 铸铁的压缩曲线

铸铁在压缩过程中，得到的压缩曲线与拉伸曲线十分相似(图 10-4)，所不同的是铸铁压缩到强度极限载荷 F_b 之前要产生较大的变形。试件由圆柱形被压缩成微鼓形直至破裂。此时试验机的力值显示窗口显示力值迅速下降，而峰值力窗口记录了试件最大载荷 F_b。铸铁破坏时，由于剪应力的作用，破坏面出现在与试件轴线约成 45°～50°的斜面上。

三、实验仪器及材料

(1) 实验仪器：液压式万能试验机，主要由加载系统和测力系统组成(图 10-5)；划线机和卡尺。

(2) 实验材料：低碳钢和铸铁试件，试件形状如图 10-6 所示。

四、实验内容和步骤

(一) 拉伸实验步骤

1. 低碳钢试件

(1) 试件准备。学习并观察计算长度范围内沿轴向的变形情况，用划线机将标距 l_0 每隔 10 mm 分成 10 格。

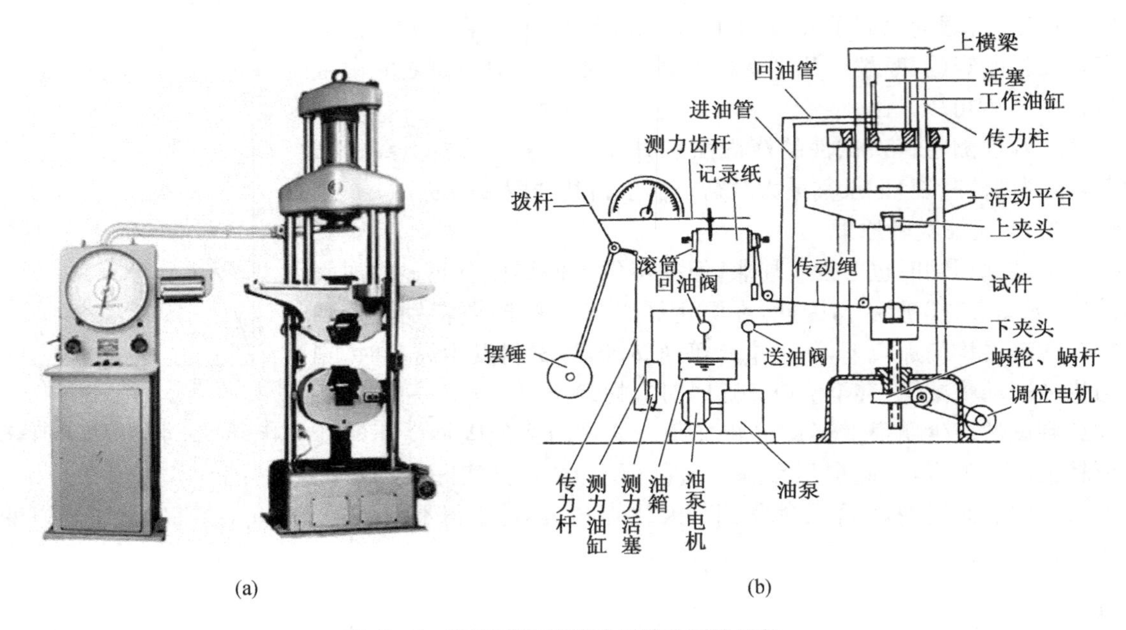

图 10-5　液压式万能试验机的外形及结构

(a) 外形；(b) 结构

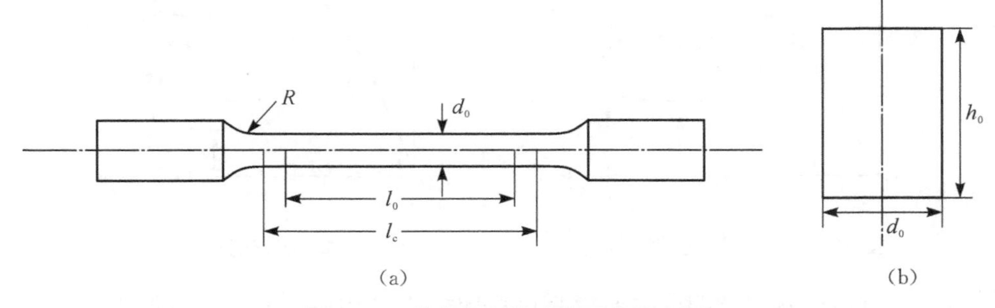

图 10-6　拉伸和压缩试件形状示意图

(a) 拉伸试件；(b) 压缩试件

用游标卡尺测量标距两端及中间处三个横截面处的直径，在每一横截面内沿互相垂直的两个直径方向测量一次取其平均值。用所测得的三个平均值中最小的值计算试件的横截面面积 A_0。

(2) 试验机准备。根据低碳钢的强度极限 σ_b 和横截面面积 A_0 估计试件的最大载荷。根据最大载荷的大小，选择合适的测力度盘。开动机器，调整平衡铊，并使测力指针对准零点。

(3) 安装试件。先将试件安装在试验机的上夹头内，再调整下夹头使其到适当位置，把试件下端夹紧。

(4) 进行实验。点击主机小键盘上的试样保护键，消除夹持力；位移清零；按运行命令按钮使之缓慢匀速加载。

(5) 停止电动机的转动，取下试件。将断裂试件的两段对齐并尽量靠紧，用游标卡尺测量断裂后标距段的长度 l_1；测量左、右两段断口(颈缩)处的直径 d_1，应在每一断口处沿两个互相

垂直的方向各测量 d_1 一次，计算其平均值，取其中最小值计算断口处横截面面积 A_1。

（6）关于 l_1 的测量说明。许多塑性材料在断裂前发生颈缩，于是，断口发生在标距内的不同位置，量取的 l_1 也会不同。若断口到最近的标距端点的距离大于 1/3，则直接测量两标距端点间的长度为 l_1；若断口到最近的标距端点的距离小于 1/3，需采用断口移中的办法，以计算试件拉断后的标距长度 l_1。

移位测量方法原理如图 10-7 所示，试验后将拉断的试件断口对准，以断口 O 为起点，在长段上取基本等于短段的格数得点 B。当长段所余格数为偶数时[图 10-7(a)]，量取长段所余格数的一半得出点 C，将 BC 段长度移到试件左端，则移位后的 l_1 为

$$l_1 = AB + 2BC$$

当长段所余格数为奇数时[图 10-7(b)]，可在长段上量取所余格数减 1 之半得点 C，再量取所余格数加 1 之半得 C_1 点，则移位后的 l_1 为

$$l_1 = AB + BC + BC_1$$

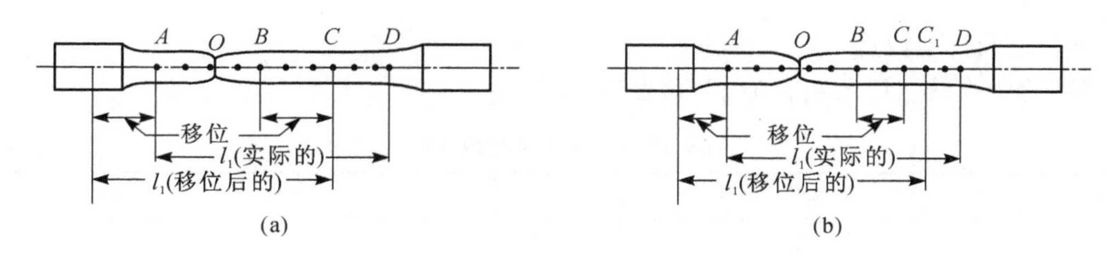

图 10-7　移位测量方法

当断口非常靠近试件两端，而其与头部的距离等于或小于直径 d_0 的两倍时，实验结果无效，须重做实验。

2. 铸铁试件

（1）实验步骤与低碳钢大致相同，但不取试件标距长度。

（2）加载直至试件断裂，记录最大载荷 F_m 值。

（二）压缩实验步骤

1. 低碳钢试件

（1）试件准备。用游标卡尺在试件中点处两个相互垂直的方向测量直径 d_0，取其算术平均值，并测量试件高度 h_0。

（2）试验机准备。开机后须预热 10 min，设置限位保护。

（3）放置试件。试验力清零；把试件放在压盘中间，通过小键盘调节横梁位置，通过肉眼观察，到上压盘离试件上平面还有一定缝隙时停止。

（4）开始实验。位移清零；按运行命令按钮，按照软件设定的方案进行实验。

（5）记录数据。要及时记录其屈服载荷，超过屈服载荷后，继续加载，将试件压成鼓形即可停止加载。

（6）取出试件，将试验机恢复原状。观察试件破坏的情况。

2. 铸铁试件

（1）实验步骤与低碳钢相同。

(2) 加载直至试件断裂，记录最大载荷 F_m 值。

五、实验注意事项

1. 拉伸实验注意事项

(1) 任何时候都不能带电插拔电源线和信号线。

(2) 试验开始前，一定要调整好限位挡圈。

(3) 试验过程中，不能远离试验机，除停止键和急停开关外，不要按控制盒上的其他按键。

2. 压缩实验注意事项

(1) 尽量将试件放在压盘中心，如放偏的话对试验结果甚至是试验机都有影响。

(2) 铸铁试件进行压缩实验时，要在试件周围加防护罩，以免试件破裂时，碎片飞出伤人。

六、实验报告

(一) 记录实验数据

将实验所得数据记录在表 10-1 和表 10-2 中。

表 10-1 拉伸实验数据表

<table>
<tr><td colspan="3">试件材料</td><td colspan="6"></td></tr>
<tr><td colspan="3">试件规格</td><td colspan="6"></td></tr>
<tr><td rowspan="7">实验前</td><td rowspan="5">截面直径 d_0/mm</td><td rowspan="2">测量部位</td><td colspan="2">上</td><td colspan="2">中</td><td colspan="2">下</td></tr>
<tr><td>1</td><td>2</td><td>1</td><td>2</td><td>1</td><td>2</td></tr>
<tr><td>测量数值</td><td></td><td></td><td></td><td></td><td></td><td></td></tr>
<tr><td>平均值</td><td colspan="2"></td><td colspan="2"></td><td colspan="2"></td></tr>
<tr><td>d_0</td><td colspan="6"></td></tr>
<tr><td colspan="2">截面面积 A_0/mm^2</td><td colspan="6"></td></tr>
<tr><td colspan="2">标距长度 l_0/mm</td><td colspan="6"></td></tr>
<tr><td rowspan="5">实验后</td><td rowspan="3">断口截面直径 d_1/mm</td><td rowspan="2">测量数值</td><td colspan="3">1</td><td colspan="3">2</td></tr>
<tr><td colspan="3"></td><td colspan="3"></td></tr>
<tr><td>平均值 d_1</td><td colspan="6"></td></tr>
<tr><td colspan="2">截面面积 A_1/mm^2</td><td colspan="6"></td></tr>
<tr><td colspan="2">标距长度 l_1/mm</td><td colspan="6"></td></tr>
<tr><td colspan="3">屈服载荷 F_S/kN</td><td colspan="6"></td></tr>
<tr><td colspan="3">屈服极限 σ_s/MPa</td><td colspan="6"></td></tr>
<tr><td colspan="3">强度载荷 F_b/kN</td><td colspan="6"></td></tr>
<tr><td colspan="3">强度极限 σ_b/MPa</td><td colspan="6"></td></tr>
<tr><td colspan="3">延伸率 δ</td><td colspan="6"></td></tr>
<tr><td colspan="3">断面收缩率 Ψ</td><td colspan="6"></td></tr>
</table>

表 10-2　压缩实验数据表

<table>
<tr><td rowspan="4">材料</td><td colspan="10">实验前</td><td colspan="2">实验结果</td></tr>
<tr><td colspan="9">直径 d_0/mm</td><td rowspan="2">最小横截面面积 A_0/mm^2</td><td rowspan="3">载荷 F_S 或 F_b/kN</td><td rowspan="3">σ_s 或 σ_b /MPa</td></tr>
<tr><td colspan="3">上</td><td colspan="3">中</td><td colspan="3">下</td></tr>
<tr><td>1</td><td>2</td><td>平均</td><td>1</td><td>2</td><td>平均</td><td>1</td><td>2</td><td>平均</td><td></td></tr>
<tr><td></td><td></td><td></td><td></td><td></td><td></td><td></td><td></td><td></td><td></td><td></td><td></td><td></td></tr>
<tr><td></td><td></td><td></td><td></td><td></td><td></td><td></td><td></td><td></td><td></td><td></td><td></td><td></td></tr>
</table>

(二) 绘制拉伸和压缩曲线

七、思考题

(1) 金属材料的拉伸实验可测得哪些力学性能指标?

(2) 影响拉伸实验结果的主、客观因素是什么?

(3) 试比较铸铁在拉伸和压缩时的不同点。

(4) 铸铁压缩试件的制备有什么要求？为什么?

(5) 描述铸铁压缩破坏断口形状，分析其破坏原因。

(6) 铸铁试件压缩破坏时断裂面法线与试件轴线夹角约成多少度？为什么?

实验 11 金属的疲劳实验

一、实验目的

(1) 观察疲劳失效现象和断口特征。

(2) 了解材料疲劳的原因和测试原理。

(3) 掌握测定材料疲劳极限的方法。

二、实验原理

(一) 疲劳现象

许多机械零件,如轴、齿轮、轴承、叶片、弹簧等,在工作过程中各点的应力随时间做周期性的变化,这种随时间做周期性变化的应力称为交变应力(也称为循环应力)。在交变应力的作用下,虽然零件所承受的应力低于材料的屈服点,但经过较长时间的工作后产生裂纹或突然发生完全断裂的现象称为金属的疲劳。

疲劳是在循环加载下,发生在材料某点处局部的、永久性的损伤递增过程。经足够的应力或应变循环后,损伤累积可使材料产生裂纹,或使裂纹进一步扩展至完全断裂。出现可见裂纹或者完全断裂都称为疲劳破坏。

疲劳破坏是一种损伤积累的过程,因此它的力学特征不同于静力破坏。不同之处主要表现为:

(1) 在循环应力远小于静强度极限的情况下破坏就可能发生,但不是立刻发生的,而要经历一段时间,甚至很长的时间。

(2) 疲劳破坏前,即使是塑性材料(延性材料)有时也没有显著的残余变形。

金属疲劳破坏可分为三个阶段:

(1) 微观裂纹扩展阶段。在循环加载下,由于物体内部微观组织结构的不均匀性,某些薄弱部位首先形成微观裂纹,此后裂纹即沿着与主应力约成 45°角的最大剪应力方向扩展。在此阶段,裂纹长度大致在 0.05 mm 以内。若继续加载,微观裂纹就会发展成为宏观裂纹。

(2) 宏观裂纹扩展阶段。裂纹基本上沿着与主应力垂直的方向扩展。借助电子显微镜可在断口表面上观察到此阶段中每一应力循环所遗留的疲劳条带。

(3) 瞬时断裂阶段。当裂纹扩大到使物体残存截面不足以抵抗外载荷时,物体就会在某一次加载下突然断裂。

在疲劳宏观断口上往往有两个区域:光滑区域和颗粒状区域。疲劳裂纹的起始点称作疲劳源。实际构件上的疲劳源总是出现在应力集中区,裂纹从疲劳源向四周扩展。由于反复变形,裂纹的两个表面时而分离,时而挤压,这样就形成了光滑区域,即疲劳裂纹第二阶段扩展区域。第三阶段的瞬时断裂区域表面呈现较粗糙的颗粒状。如果循环应力的变化不是稳态的,应力幅不保持恒定,裂纹扩展忽快、忽慢或者停顿,则在光滑区域上用肉眼可看到贝壳状或海滩状纹迹的疲劳弧线。

（二）疲劳曲线和疲劳极限

在交变载荷作用下，金属承受的交变应力和断裂循环周次之间的关系，通常用疲劳曲线来描述。通过对疲劳的研究发现，金属承受的最大交变应力 σ_{max} 越大，则断裂时应力交变的次数 N 越小；反之，σ_{max} 越小，则 N 越大。

如果将所施加的应力 σ 和对应的断裂次数绘制成图，便得到疲劳曲线，如图 11-1 所示。疲劳曲线的横坐标通常取对数坐标，如图 11-2 所示为两种不同类型的疲劳曲线。一类疲劳曲线上有明显的水平部分，疲劳极限有明确的物理意义，对应材料如常温下的钢铁材料。另一类疲劳曲线没有明显的水平部分，这时只能规定某一 N_0 值所对应的应力为"条件疲劳极限"，对应的材料如部分有色金属。

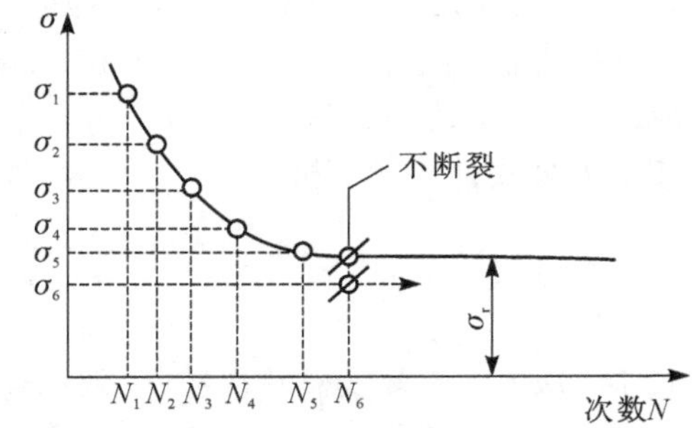

图 11-1　疲劳曲线示意图

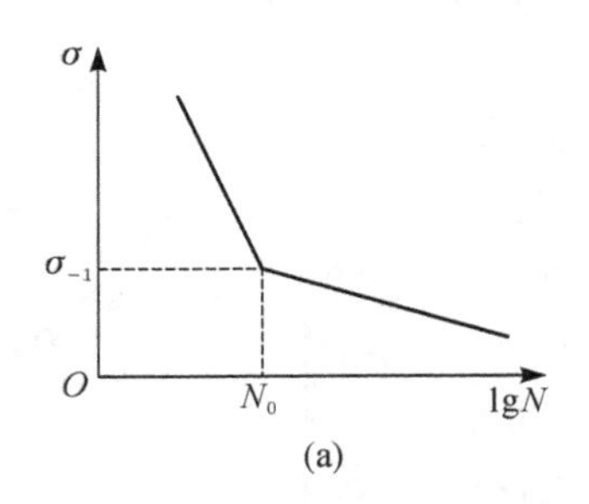

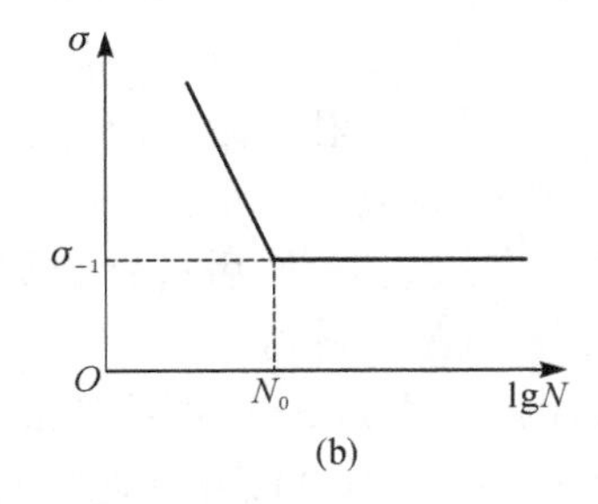

图 11-2　两种类型的疲劳曲线

(a) 钢铁材料；(b) 部分有色金属

由图 11-1 可以看出，当应力低于某值时，应力交变到无数次也不会发生疲劳断裂，此应力称为金属材料的疲劳极限，即疲劳曲线水平部分所对应的应力。疲劳极限通常用 σ_γ 表示，下标 γ 表示应力循环对称系数。对于对称应力循环，$\gamma=-1$，故疲劳极限用 σ_{-1} 来表示。

（三）疲劳曲线和疲劳极限的测试原理

目前评定金属材料疲劳性能的基本方法就是通过试验测定其疲劳曲线，亦称为 S-N 曲线，即建立最大应力 σ_{max} 或应力振幅 σ_α 与其相应的断裂循环周次 N 之间的关系曲线。从曲线上可以得到疲劳极限 σ_{-1}，即疲劳曲线水平部分对应的应力。理论上，疲劳极限是指试样可承受无限次应力循环而不断裂所对应的应力，但实际测量时，不可能进行无限次循环。因此工程上将疲劳极限定义为：在指定的疲劳寿命下，试件所能承受的上限应力幅值，指定寿命通常取 $N_f=10^7$。

试验时，用升降法测定条件疲劳极限或疲劳极限 σ_{-1}，用成组试验法测定高应力部分，然后将上述试验数据整理，拟合成疲劳曲线。

1. 升降法测疲劳极限

有效试样数一般大于 13 根，试验取 3～5 级应力水平，每级应力增量一般为 σ_{-1} 的 3%～5%。第一根试样的应力水平应略高于 σ_{-1}，如果无法预计 σ_{-1}，则对一般材料取(0.45～0.50)

σ_b。第二根试样的应力水平根据第一根试样结果(破坏或通过)而定,如果第一根试样断裂,则对第二根试样施加的应力降低3%～5%,反之,要升高3%～5%,其余试样的应力值均应依此法办理,直至全部完成试验,实验结果如图11-3所示。

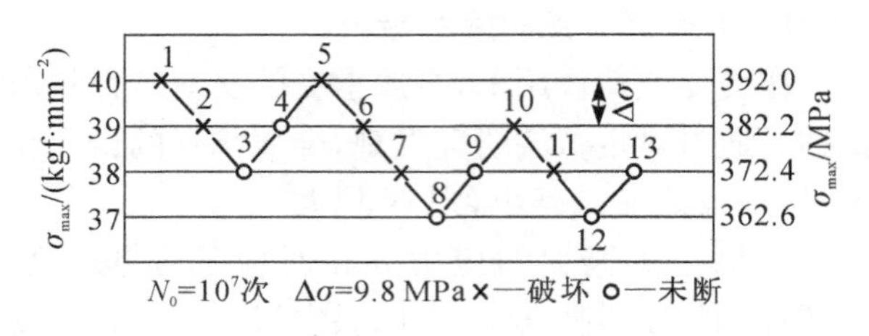

图 11-3 升降图

按下列公式计算疲劳极限:

$$\sigma_{\gamma(N)} = \frac{1}{m}\sum_{i=1}^{n} v_i\sigma_i \tag{11-1}$$

式中 m——有效实验总次数(失效和通过均计算在内);

n——实验应力水平级数;

σ_i——第 i 级应力水平;

v_i——第 i 级应力水平下的实验次数($i=1, 2, \cdots, n$)。

2. 成组法测定 $S-N$ 曲线的高应力部分

$S-N$ 曲线的高应力(有限寿命)部分用成组试验法测定,即取3～4级较高应力水平,在每级应力水平下,测定5根左右试样的数据,然后进行数据处理,计算中值(存活率50%)的疲劳寿命。

用升降法测得的 σ_{-1} 作为 $S-N$ 曲线的最低应力水平点,与成组试验法的测定结果拟合成直线或曲线,就可得到存活率为50%的中值 $S-N$ 曲线,如图11-4所示。

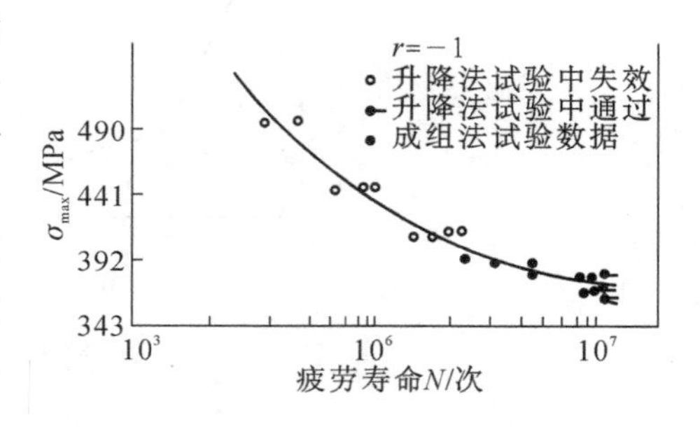

图 11-4 实验测得的疲劳曲线

三、实验仪器及材料

(1) 实验仪器:旋转弯曲疲劳实验机,如图11-5所示。

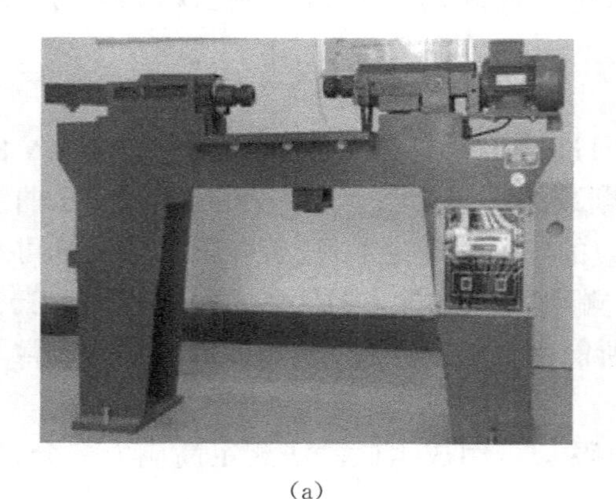

(a)

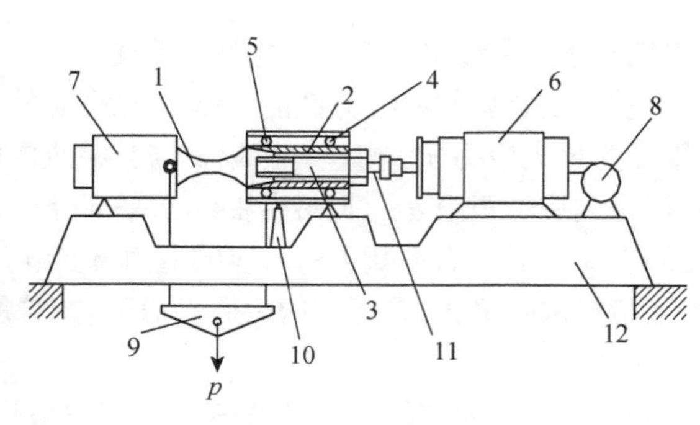

(b)

图 11-5 旋转弯曲疲劳试验机外形及结构图

(a) 外形;(b) 结构图

1—试样;2—心轴;3—螺杆;4、5—滚动轴承;6—高速电机;7—套筒;8—计数器;9—加力架;10—停止开关;11—挠性连轴节;12—机架

(2) 实验材料：低碳钢、不锈钢。

四、实验内容和步骤

(一) 试样测量

(1) 领取试验所需试样，在试样两端打上编号。

(2) 用精度为 0.02 mm 的游标卡尺测量试样尺寸，在试样工作区的两个相互垂直方向各测一次，取其平均值。圆弧形光滑小试样如图 11-6 所示，其最小直径为 7～10 mm，试样的其他外形尺寸因疲劳试验机不同而异，没有统一规定。

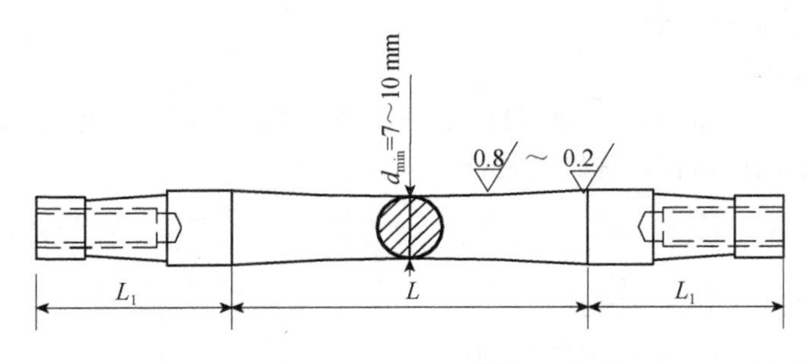

图 11-6　圆弧形光滑试样

(3) 静力试验。取其中一根合格试样，在拉伸试验机上测其 σ_b。静力试验的目的是一方面检验材质强度是否符合热处理要求，另一方面可据此确定各级应力水平。

(二) S-N 曲线测定

1. 确定载荷

根据试样直径 d 及载荷作用点到支座距离 α，代入弯曲应力计算公式：

$$\sigma = \frac{F\alpha}{2}\bigg/\frac{\pi d^2}{32} \qquad (11\text{-}2)$$

可得施加载荷：

$$F = \frac{\pi d^2}{16\alpha}\sigma \qquad (11\text{-}3)$$

将选定的应力 σ_1，σ_2，…代入上式，即可求得相应的 F_1，F_2，… 此时若砝码配重无法满足计算载荷 F_1，F_2，…可按实际所加的相近重量，依次为实际载荷，再反算出实际应力。

2. 安装试样

将试样安装于套筒上，拧紧两根连接螺杆，使与试样成为一个整体；连接挠性连轴节，加上砝码，开机前托起砝码，在运转平稳后，迅速无冲击地加上砝码，并将计数器调零。

3. 观察与记录

由高应力到低应力水平，逐级进行试验。记录每个试样断裂的循环周次，同时观察断口位置和特征。

4. 根据实验记录进行有关计算

将所得实验数据列表；然后以 lg N 为横坐标、σ_{max} 为纵坐标，绘制光滑的 S-N 曲线，并确

定 σ_{-1} 的大致数值。报告中绘出破坏断口，指出其特征。

五、实验注意事项

(1) 同一批试样所用材料应为同一牌号和同一炉号，并要求质地均匀没有缺陷。
(2) 未装试样前禁止启动试验机，以避免挠性连轴节甩出。
(3) 实验进行中如发现连接螺杆松动，应立即停机重新安装。

六、实验报告

(1) 将所得实验数据列表。
(2) 绘制测试升降图。
(3) 以 lg N 为横坐标、σ_{max} 为纵坐标，绘制光滑的 $S-N$ 曲线，并确定 σ_{-1} 的大致数值。
(4) 报告中绘出破坏断口，指出其特征。

七、思考题

(1) 简述疲劳破坏的三个阶段。
(2) 简述升降法测定疲劳极限的原理。
(3) 实验过程中，若有明显的振动，会对试样的循环寿命产生什么样的影响？

实验 12　材料的摩擦磨损实验

一、实验目的

(1) 了解摩擦磨损实验的基本原理。

(2) 掌握摩擦磨损实验的基本方法、摩擦因数的测量方法。

(3) 了解不同材料配副摩擦因数的变化。

二、实验原理

(一) 摩擦磨损

摩擦导致的磨损，是机械零部件失效的主要原因之一。材料的磨损是在摩擦力的作用下由表面形状、尺寸、组织发生变化引起的。除此之外，材料的服役或实验条件也对磨损产生一定的影响。

在一般正常工作状态下，磨损可分三个阶段(图 12-1)：

(1) 磨合(跑合)阶段：轻微的磨损、跑合是为正常运行创造条件。

(2) 稳定磨损阶段：磨损更轻微，磨损率低而稳定。

(3) 剧烈磨损阶段：磨损速度急剧增长，零件精度丧失，产生噪声和振动，摩擦温度迅速升高，说明零件即将失效。

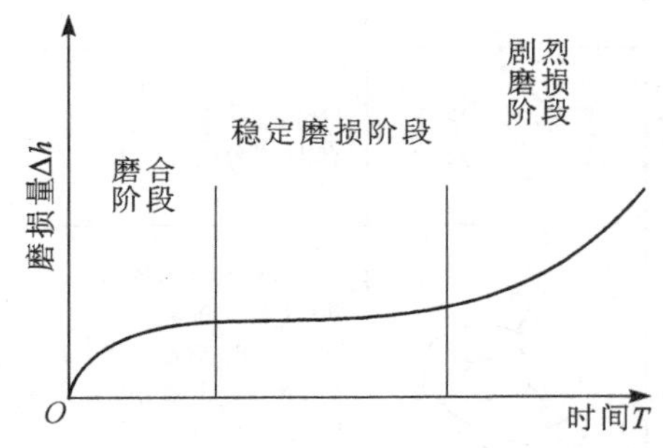

图 12-1　磨损量与时间的关系

(二) 磨损的类型

伯韦尔(Burwell)根据磨损机理的不同，把黏着磨损、磨粒磨损、腐蚀磨损和表面疲劳磨损列为磨损的主要类型，而把表面侵蚀、冲蚀等列为次要类型。这些不同类型的磨损，可以单独发生、相继发生，也可以同时发生(称为复合磨损形式)，例如大功率柴油机轴瓦可能同时出现黏着磨损和气蚀。

(三) 摩擦磨损实验

研究磨损要通过各种摩擦磨损实验设备，检测摩擦过程中的摩擦因数及磨损量(或磨损率)。摩擦过程中从表面脱落下来的材料(磨屑)，记录了磨损的发展历程，反映了磨损机理，描述了表面磨损的程度。发生磨损后的表面，同样有着磨损机理、磨损严重程度及其发展过程的记载。因此研究磨屑和磨损后表面上的信息是研究磨损的重要一环。

摩擦磨损实验大体上可分为实验室试验、模拟试验或台架试验以及使用试验或全尺寸试验三个层次，各层次试验设备的要求各不相同。本书将介绍实验室摩擦磨损实验。

实验室设备主要用于摩擦磨损的基础研究，研究工作参数(载荷、速度等)对摩擦磨损的影响。试验设备有各种不同的摩擦形式、接触形式和运动形式，有不同的主变参数(载荷、速度)和可测结果(摩擦因数、磨损量)，这些形式可以排列组合成不同的试验设备。几种常用的实验室摩擦试验设备见表 12-1。

表 12-1　实验室常用的摩擦试验设备

摩擦副对偶	实验机名称	接触及运动形式	可测数据	应用范围
	四球机	点接触、滑动摩擦、旋转运动	测量不同载荷与速度下球的磨损，磨斑直径和 P_b，P_d①	适合于评定润滑油、脂、膏的润滑性及抗磨性
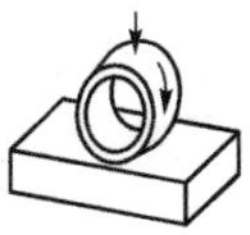	各种类型的环-块试验机	线接触、滑动摩擦、旋转或摆动	测量不同载荷与速度下的动摩擦因数和磨痕宽度	液体及半固体润滑剂、固体润滑材料、干膜润滑剂
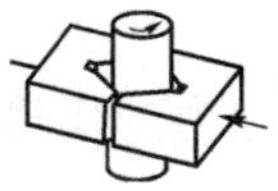	Falex—0 试验机	线接触(4 线)、滑动摩擦、旋转	在固定速度下改变载荷，测定承载能力和耐磨寿命	液体润滑剂、固体润滑膜
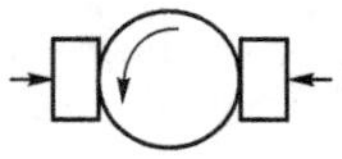	Hohman A—6 型高温试验机	线接触(2 线)、滑动摩擦、旋转	高温下固体材料的摩擦因数、磨痕宽度、环境和试样温度	固体润滑材料
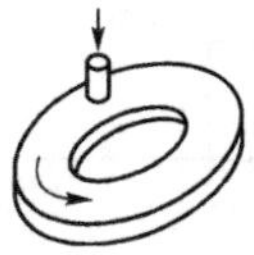	各种类型的栓-盘(Pin - Disk)试验机，真空试验机，高温试验机，Falex—6 型(有多种接触形式)	点接触或面接触、滑动摩擦、旋转	在不同载荷与速度下测定材料的摩擦因数和耐磨性(磨痕宽度、线磨损量、质量损失)及环境(真空度或温度)	固体材料、固体膜
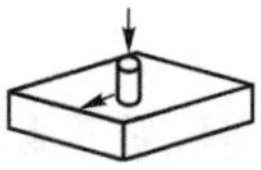	黏滑试验机，静动摩擦试验机	点接触、滑动摩擦、直线或往复	在极低的速度下测定材料的静摩擦因数和动摩擦因数	固体膜、固体材料、液体或半固体润滑剂
	RFT 往复试验机	面接触、滑动摩擦、往复直线运动	在不同载荷与速度下测定摩擦因数和耐磨性	液体润滑剂和固体润滑材料、固体润滑膜
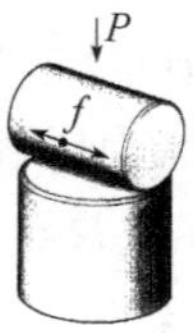 P f	SRV 微动摩擦试验机摩擦副：面对面接触、圆柱对面线接触、球对面点接触	点、面、线接触、滑动摩擦、往复直线运动	在高速往复滑动下测定摩擦因数和磨损	液体润滑剂、固体膜、固体润滑材料
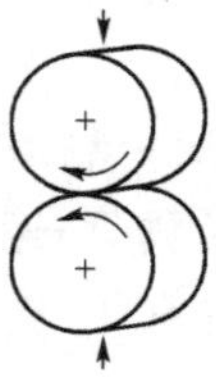	滚滑类试验机 MM—200 AMSLER	$n_1=n_2$时为纯滚动，$n_1=0$ 时为纯滑动，$n_1\neq n_2$时为滚滑，线接触(纯滚或滚滑)，面接触(纯滑)、旋转运动	摩擦力矩、磨损	固体膜、固体润滑材料、液体润滑剂

续表

摩擦副对偶	实验机名称	接触及运动形式	可测数据	应用范围
	轴承 Pv②试验机	面接触、滑动摩擦、旋转	极限 Pv 值、温升	液体润滑剂、固体润滑材料、固体膜
	交叉圆柱试验机	点接触、滑(滚)动摩擦、旋转	摩擦因数	

注：① P_b 是最大无卡咬负荷。
P_d 是烧结负荷。
② Pv 是被密封介质压力 P 与密封端面平均滑动速度 v 的乘积。

(四) 摩擦因数

(1) 线接触试验(即做滚动摩擦、滚动滑动摩擦试验)：

$$\mu = \frac{F}{p} = \frac{M}{Rp}$$

式中　p——试样所承受垂直负荷(标尺上实际指示的负荷)；
μ——摩擦因数；
R——下试样半径，cm；
F——摩擦力，N。

(2) 2α 角接触试验(即滑动摩擦试验)：

$$\mu = \frac{m}{Rp} \times \frac{\alpha + \sin\alpha\cos\alpha}{2\sin\alpha}$$

式中，α 为上、下试样的接触角。

(3) 用摩擦力所做的功求平均摩擦因数：

$$\mu = \frac{W}{2\pi RNp}$$

式中　W——摩擦力所做的功；
N——试样轴的转数。

三、实验仪器及材料

(1) 实验仪器：MM—200 型摩擦磨损试验机，其结构如图 12-2 所示；扫描电子显微镜。

摩擦磨损试验机结构如图 12-2 所示。它的测试原理是利用加有负载的摆头平衡上、下试样之间产生的摩擦力矩，

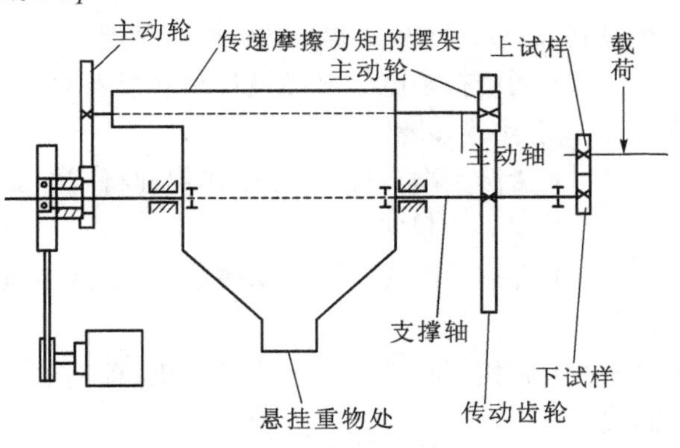

图 12-2　MM—200 型摩擦磨损试验机结构示意图

为了平衡摩擦力矩，摆头就必须偏转一定的角度（这一角度通过指针显示在刻度盘上），其偏转角度的大小反映了摩擦力矩的大小。此设备根据 MM—200 型摩擦磨损试验机的工作原理及特点，选择合适的测力传感器和具有适当量程与精度的数据采集卡，通过这些设备把摩擦力矩的变化信息传输到计算机中，再利用相应的软件系统动态、实时地处理、分析数据。

（2）实验材料：本实验选用两种配副材料，表 12-2 为两种配副的编号。根据摩擦磨损实验方法的不同，试样外形如图 12-3 所示。

表 12-2 材料的配副编号

编号	1	2
配副材料	Cr20 钢环—铸态 Al-18%Si	Cr20 钢环—挤压态 Al-18%Si

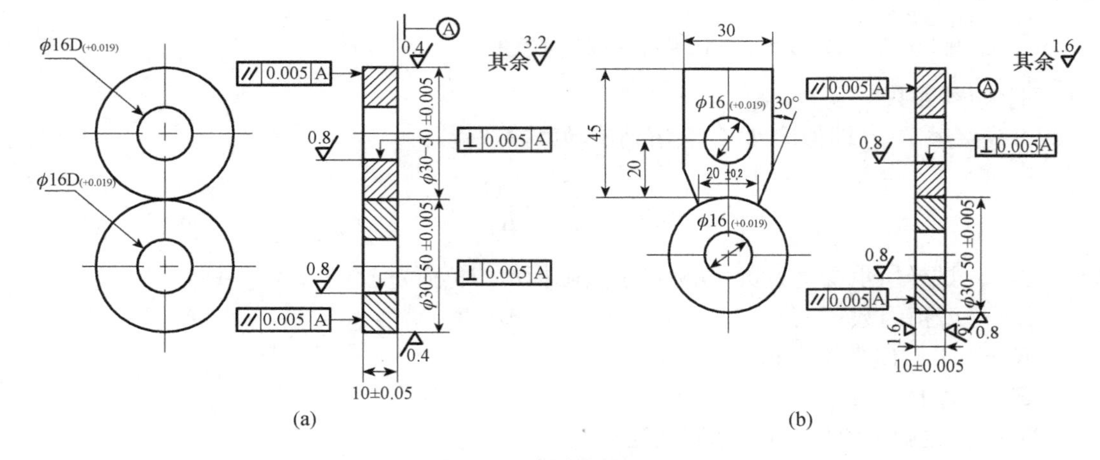

图 12-3 摩擦试样设计图

(a) 滚动摩擦用试样；(b) 滑动摩擦用试样

四、实验内容和步骤

(一) 实验内容

（1）测定不同载荷、不同速度条件下不同材料配副的摩擦因数，了解材料的减摩情况。观察磨痕大小及形貌，了解材料的耐磨情况。

（2）利用扫描电子显微镜观测磨损表面的形貌。

(二) 实验步骤

（1）清洗干净试件，并按操作规程将试件安装。

（2）加上加载砝码。

（3）开启计算机，打开摩擦磨损实验系统界面，输入实验参数及有关数据，点击“开始”。

（4）调整好转速，并开启实验机，此时在计算机屏幕上可看到摩擦因数随时间的变化曲线。

（5）打印实验曲线（图 12-4 和图 12-5），用于整理实验报告。

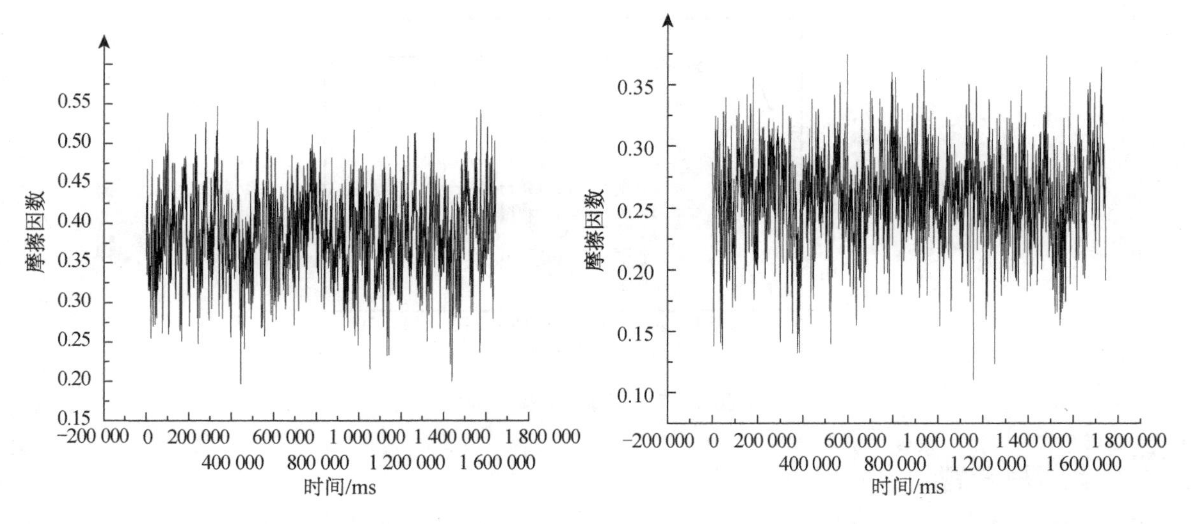

图 12-4　铸态 Al-18%Si 合金摩擦因数曲线　　**图 12-5　挤压态 Al-18%Si 合金摩擦因数曲线**

(6) 将试件取下,利用扫描电镜观察材料的磨痕(图 12-6),并记录磨痕的尺寸。

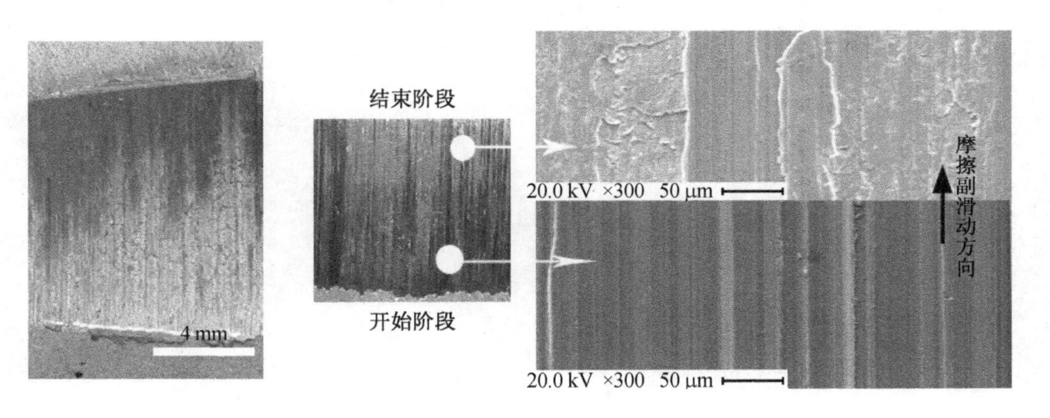

图 12-6　铸态 Al-18%Si 合金磨损宏观形貌和 SEM 图

五、实验报告

(一) 实验记录:将磨痕尺寸记录在下面的表格中。

表 12-3　两种配副的材料磨痕尺寸

材料配副	Cr20 钢环—铸态 Al-18%Si (干摩擦)	Cr20 钢环—挤压态 Al-18%Si (干摩擦)
磨痕尺寸/mm		

(二) 摩擦因数数据整理

将计算机给出的摩擦因数曲线每隔 30 s 取一点,描在直角坐标中,得出摩擦因数的另一种表达形式,如图 12-7 所示。

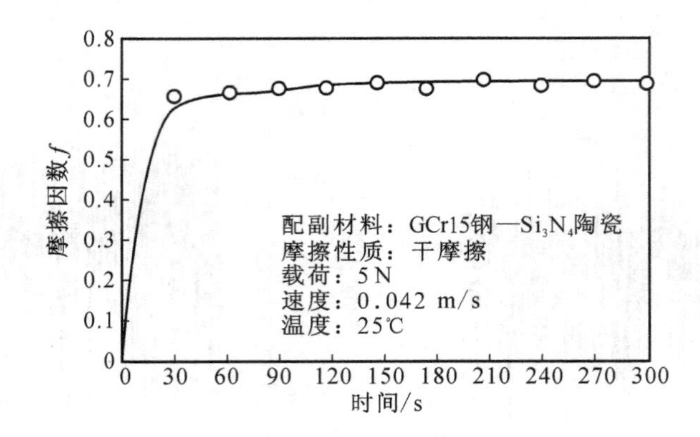

图 12-7　摩擦因数整理曲线

六、思考题

(1) 简述磨损的类型。

(2) 哪些因素会影响摩擦因数？是否和载荷大小有关系？

实验 13　金属丝弹性模量的测量

一、实验目的

(1) 学会用光杠杆测量微小伸长量。

(2) 学会用拉伸法测量金属丝的弹性模量的方法。

二、实验原理

(一) 胡克定律和弹性模量

任何物体在外力作用下都会发生形变，当形变不超过某一限度时，撤走外力之后，形变能随之消失，这种形变称为弹性形变。如果外力较大，当它的作用停止时，所引起的形变并不完全消失，而有剩余形变，称为塑性形变。发生弹性形变时，物体内部产生恢复原状的内应力。弹性模量是反映材料形变与内应力关系的物理量，是工程技术中常用的参数之一。

在形变中，最简单的形变是柱状物体受外力作用时的伸长或缩短形变。设柱状物体的长度为 L，横截面积为 S，沿长度方向受外力 F 作用后伸长(或缩短)量为 ΔL，单位横截面积上垂直作用力 F/S 称为正应力，物体的相对伸长 $\Delta L/L$ 称为线应变。实验结果证明，在弹性范围内，正应力与线应变成正比，用公式表达如下：

$$\frac{F}{S} = Y\frac{\Delta L}{L} \tag{13-1}$$

整理得到

$$Y = \frac{F}{S}\frac{L}{\Delta L} = \frac{4FL}{\pi d^2 \Delta L} \tag{13-2}$$

这个规律称为胡克定律，式中比例系数 Y 称为弹性模量，也叫作杨氏模量。在国际单位制中，它的单位为 N/m^2，在厘米克秒制中其单位为达因[①]/厘米^2。它是表征材料抗应变能力的一个固定参量，完全由材料的性质决定，与材料的几何形状无关。

(二) 光杠杆镜尺法测量微小长度的变化

本实验是测钢丝的弹性模量，在实际测量中，由于钢丝伸长量 ΔL 的值很小，约 10^{-1} mm 数量级。因此 ΔL 的测量采用光杠杆放大法进行测量。

光杠杆是根据几何光学原理设计而成的一种灵敏度较高的、测量微小长度或角度变化的仪器。它的装置如图 13-1(a)所示，是将一个可转动的平面镜 M 固定在一个 T 形架上构成的。

图 13-1(b)所示是光杠杆放大原理图，假设开始时，镜面 M 的法线正好是水平的，则从光源发出的光线与镜面法线重合，并通过反射镜 M 反射到标尺 n_0 处。当金属丝伸长 ΔL 时，光

① 达因：符号为 dyn，厘米克秒制中力的单位，1 dyn 是当加在质量为 1 g 物体上，使之产生 1 cm/s^2 的加速度时的力。1 dyn$=10^{-5}$ N。

杠杆镜架后夹脚随金属丝下落 ΔL，带动 M 转一 θ 角，镜面至 M'，法线也转过同一角度，根据光的反射定律，光线 On_0 和光线 On 的夹角为 2θ。如果反射镜面到标尺的距离为 D，后尖脚到前两脚间连线的距离为 b，从图中看出望远镜中标尺刻度的变化 $\Delta n = n - n_0$，因为 θ 角很小，由上图几何关系得

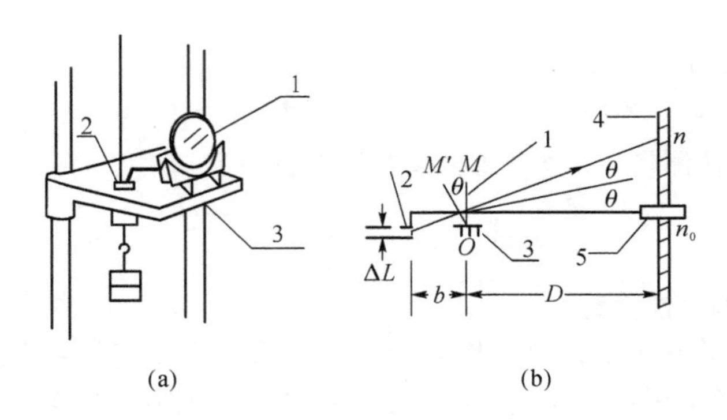

图 13-1　光杠杆装置及测量原理

(a) 装置；(b) 测量原理

1—反射镜和透镜；2—活动托台；3—固定托台；4—标尺；5—光源

$$\theta \approx \tan\theta = \frac{\Delta L}{b}$$

$$2\theta \approx \tan 2\theta = \frac{\Delta n}{R}$$

整理得到

$$\Delta L = \frac{b}{2D}\Delta n \tag{13-3}$$

由于伸长量 ΔL 是难测的微小长度，但当取 D 远大于 b 后，经光杠杆转换后的量 Δn 却是较大的量，$2D/b$ 决定了光杠杆的放大倍数，这就是光放大原理。

联合式(13-2)和式(13-3)得

$$Y = \frac{8FLD}{\pi d^2 b\Delta n} \tag{13-4}$$

本实验使钢丝伸长的力 F 等于砝码作用在钢丝上的重力 mg，因此弹性模量的测量公式如下：

$$Y = \frac{8mgLD}{\pi d^2 b\Delta n} \tag{13-5}$$

式中，Δn 与 m 有对应关系，如果 m 是 1 个砝码的质量，Δn 应是荷重增(或减)1 个砝码所引起的光标偏移量。

三、实验仪器及材料

(一) 实验仪器

弹性模量测定仪(包括拉伸仪、光杠杆、望远镜、标尺)，水准器，钢卷尺，螺旋测微器，钢直

尺。实验装置如图 13-2 所示。

1. 支架

金属丝上端被夹紧在支架的上梁上，下端被夹于一个圆形夹头，这个圆形夹头可以在支架的下梁的圆孔内自由移动。支架下方有三个可调支脚，可调节支架以使其保持垂直状态。这样才能使圆柱形夹头在下梁平台的圆孔中移动时尽量可以忽略摩擦(此时称夹头处于无障碍状态)。

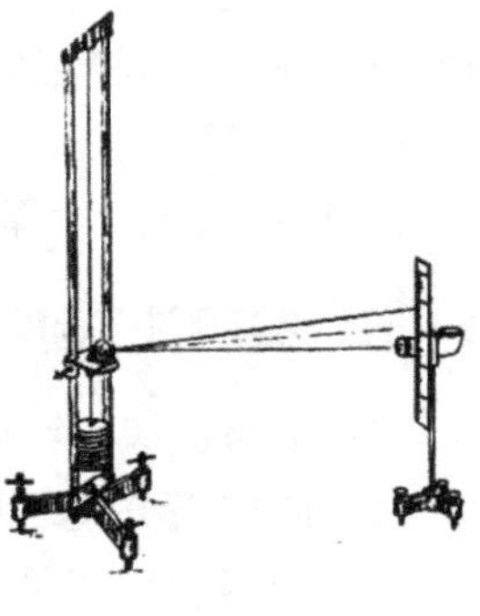

2. 光杠杆(图 13-1)

使用时两前支脚放在支架的下梁平台三角形凹槽内，后支脚放在圆柱形夹头上端平面上。当钢丝受到拉伸时，随着圆柱夹头下降，光杠杆的后支脚也下降，此时平面镜以两前支脚为轴旋转。

图 13-2　弹性模量测定实验装置示意图

3. 望远镜与标尺(图 13-3)

望远镜由物镜、目镜、十字分划板组成。使用之前调节目镜以看清十字分划板，再调节物镜以看清标尺。这是表明标尺通过物镜成像在分划板平面上。由于标尺像与分划板处于同一平面，因此可以消除读数时的视差(即消除眼睛上下移动时标尺像与十字线之间的相对位移)。标尺类似一般的米尺，但零刻度在中间位置。

(二) 实验材料

不锈钢丝、铝合金丝等。

四、实验内容和步骤

(一) 安装调试测量系统

(1) 调节弹性模量测定仪底脚螺钉，使工作台水平，要使夹头处于无障碍状态。

(2) 放上光杠杆，T 形架的两个前支脚置于平台上的沟槽内，后支脚置于方框夹头的平面上。微调工作台使 T 形架的三个支脚尖处于同一水平面上，并使反射镜面铅直。

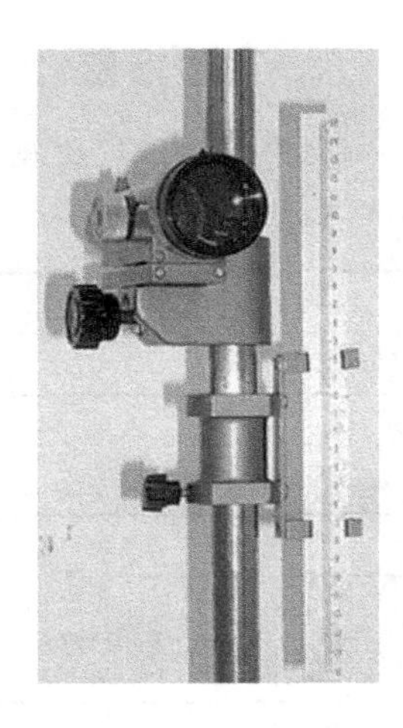

图 13-3　望远镜和标尺装置图

(3) 望远镜标尺架距离光杠杆反射平面镜 1.2～1.5 m。调节望远镜光轴与反射镜中心等高。调节对象为望远镜镜筒。

(4) 调节望远镜找标尺的像：先调节望远镜目镜，得到清晰的十字叉丝；再调节调焦手轮，使标尺成像在十字叉丝平面上。

(5) 调节平面镜垂直于望远镜主光轴。

(二) 测定弹性模量

(1) 记录望远镜中标尺的初始读数 n_0(不一定要等于零)，再在钢丝下端挂砝码，记录望远镜中标尺读数 n_1，以后依次加砝码，并分别记录望远镜中的标尺读数，直到 7 块砝码加完为止，这是增重过程中的读数。然后再每次减少砝码，并记下减重时望远镜中标尺的读数。

(2) 取下所有砝码，用卷尺测量平面镜与标尺之间的距离 D，钢丝长度 L，测量光杠杆常数 b。把光杠杆在纸上按一下，留下三点的痕迹，连成一个等腰三角形。作其底边上的高，即可测出 b。

(3) 用螺旋测微器测量钢丝直径 6 次。可以在钢丝的不同部位和不同的径向测量。因为钢丝直径不均匀,横截面积也不是理想的圆。

(三) 计算

根据式(13-5)计算金属丝的弹性模量。

五、实验注意事项

(1) 加减砝码时一定要轻拿轻放,切勿压断钢丝。

(2) 使用千分尺时只能用棘轮旋转。

(3) 用钢卷尺测量标尺到平面镜的垂直距离时,尺面要放平。

(4) 弹性模量测定仪的主支架固定后,测量过程中不要调节主支架。

(5) 测量钢丝长度时,要加上一个修正值 $\Delta L_{修}$, $\Delta L_{修}$ 是夹头内不能直接测量的一段钢丝长度。

六、实验报告

(1) 记录数据,将测量的各个数据记录在表 13-1 和表 13-2 中。

表 13-1 钢丝的直径 d

次数	1	2	3	4	5	6	$\overline{d}$/mm
d_i/mm							

表 13-2 外力 mg 与标尺读数 n_i

序号 i	0	1	2	3	4	5	6	7
m/kg								
加砝码 n_+								
减砝码 n_-								
$\overline{n}$								

(2) 根据式(13-5)计算弹性模量。

七、思考题

(1) 简述光杠杆测量微小伸长量的原理。

(2) 怎样提高光杠杆的灵敏度?灵敏度是否越高越好?

(3) $\dfrac{\Delta n}{\Delta L}=\dfrac{2R}{b}$ 称为光杠杆的放大倍数,算算你的实验结果的放大倍数。

实验 14　材料断裂韧性 K_{IC} 的测量

一、实验目的

(1) 掌握金属平面应变断裂韧度 K_{IC} 的测定方法。

(2) 了解 K_{IC} 试样制备、断口测量及数据处理的方法。

二、实验原理

本实验按照 GB 4161—84 规定进行。

断裂时材料结构零件在服役中的最后破坏形式，通常分为韧性断裂和脆性断裂。断裂韧性 K_{IC} 是材料抵抗裂纹扩展能力的一种量度，是在平面应变条件下，材料中Ⅰ型裂纹产生失稳扩展的应力场强度因子的临界值。在线弹性断裂力学中，材料发生断裂的判据如下：

$$K_{I} \leqslant K_{IC} \tag{14-1}$$

式中，K_{I} 为应力场强度因子，它表征裂纹尖端附近的应力场的强度，其大小取决于构件的几何条件、外加载荷的大小与分布等。

当外加载荷和裂纹长度达到临界值时，裂纹开始失稳扩展。此时材料处于临界状态，即 $K_{I}=K_{IC}$。实验证明，只要试件满足小范围屈服和平面应变的条件，K_{IC} 就是一个与试件类型及尺寸无关的常数。

K_{Q} 的测量过程就是将实验材料制成一定形状的试件，并在时间上预制出相当于缺陷的裂纹后进行加载的实验。在实验过程中连续记录载荷 p 与相应的裂纹尖端张开位移 V。

裂纹尖端张开位移 V 的变化反映了裂纹尚未起裂、已经起裂、稳定扩展和失稳扩展的情况。当裂纹失稳扩展时，记录下载荷 p_{Q}，再将试样压断，测得预制裂纹长度 a，由裂纹尖端应力场强度因子的表达式 K 得到临界值 K_{Q}，然后按照规定判断 K_{Q} 是不是真正的 K_{IC}（K_{Q} 是 K_{IC} 的实验值，只有 K_{Q} 满足式(14-1)判据才能称之为 K_{IC}。）

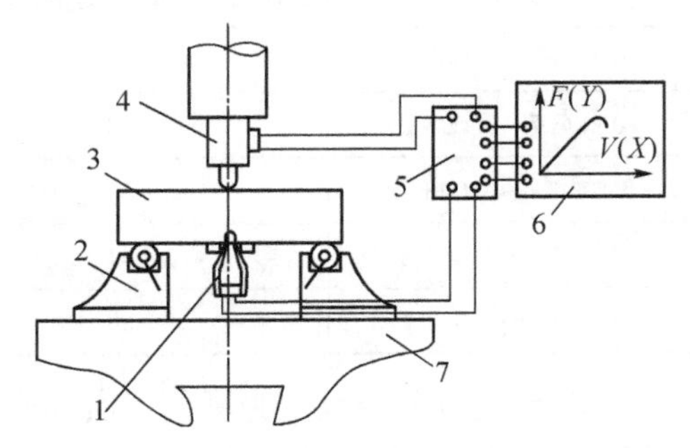

图 14-1　三点弯曲实验装置示意图

1—夹式引伸计；2—弯曲试样支座；3—试样；4—压力传感器；5—动态应变仪；6—X－Y 记录仪；7—试验机工作台

三、实验仪器及材料

(1) 实验仪器：万能材料试验机，高频疲劳试验机，载荷传感器，夹式引伸计，X－Y 函数记录仪，游标卡尺等。实验装置原理如图 14-1 所示。

(2) 实验材料：低碳钢、铝合金等。

四、实验内容和步骤

(一) 试样制备

(1) 金属结构材料在不同程度上具有各向异性，它反映在断裂韧性数值上更为突出。因此，断裂韧性和试样的取向有关，裂纹面取向应严格按 GB 4161—84 标准执行。

（2）试样尺寸按照 GB 4161—84 标准进行加工，如图 14-2 所示。为保证试样处于平面应变状态下发生低应力脆断，试样尺寸须满足下列条件：

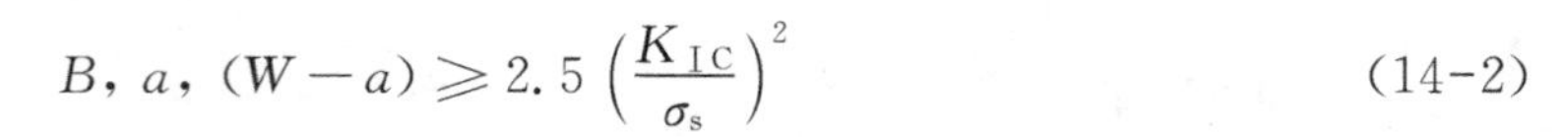

$$B,\ a,\ (W-a) \geqslant 2.5\left(\frac{K_{\mathrm{IC}}}{\sigma_{\mathrm{s}}}\right)^{2} \tag{14-2}$$

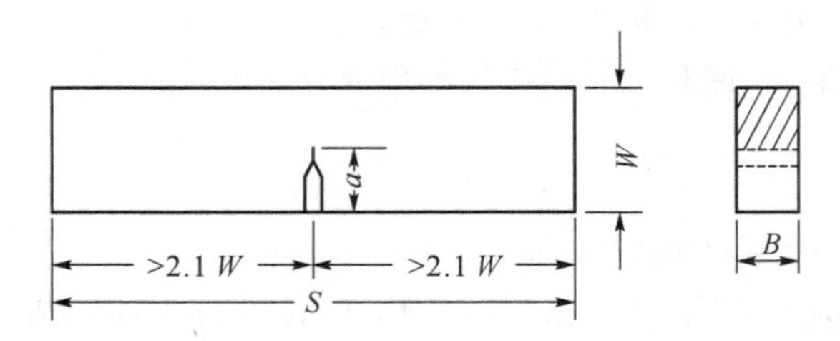

图 14-2　三点弯曲试样尺寸图

式中　a——裂纹常数；

W——试样高度；

B——厚度；

S——试件跨度；

σ_{s}——材料的屈服强度；

K_{IC}则是待测的断裂韧性值。

根据式(14-2)，可以估算厚度 B，见表 14-1。

表 14-1　试样推荐的最小厚度 *B*

σ_{s}/E	试样最小厚度 B 的推荐值/mm	σ_{s}/E	试样最小厚度 B 的推荐值/mm
0.005 0～0.005 7	75	0.007 1～0.007 5	32
0.005 7～0.006 2	63	0.007 5～0.008 0	25
0.006 2～0.006 5	50	0.008 0～0.008 5	20
0.006 5～0.006 8	44	0.008 5～0.010 0	12.5
0.006 8～0.007 1	38	>0.010 0	6.5

（3）预制疲劳裂纹。为了模拟实际构件中存在的尖端裂纹，使得到的 K_{IC}数据可以对比和实际应用，试样必须用疲劳载荷预制裂纹。

小试样用线切割机制出切口以便引发疲劳裂纹，切口根部圆弧半径小于 0.08 mm。疲劳裂纹长度应不小于 2.5%W，且不小于 1.5 mm，a/W 为 0.45～0.55，可采用在试样表面观察裂纹痕迹的方法来确定所需的疲劳裂纹长度。

（二）试样测量

（1）试样厚度应在疲劳裂纹前缘韧带部分测量三次，取其平均值作为 B。测量精度要求 0.02 mm 或 0.1%B，取其中较大者记录。

（2）试样高度应在切口附近测量三次，取其平均值作为 W，测量精度要求 0.02 mm 或 0.1%W，取其中较大者记录。

（三）确定临界载荷 p_Q

在通常的 K_{IC}测试中，所得到的载荷 p 对切口张开位移 V 的记录曲线，大致可分为三类，如图 14-3 所示。临界载荷 p_Q要根据不同类的曲线按一定的条件来确定。

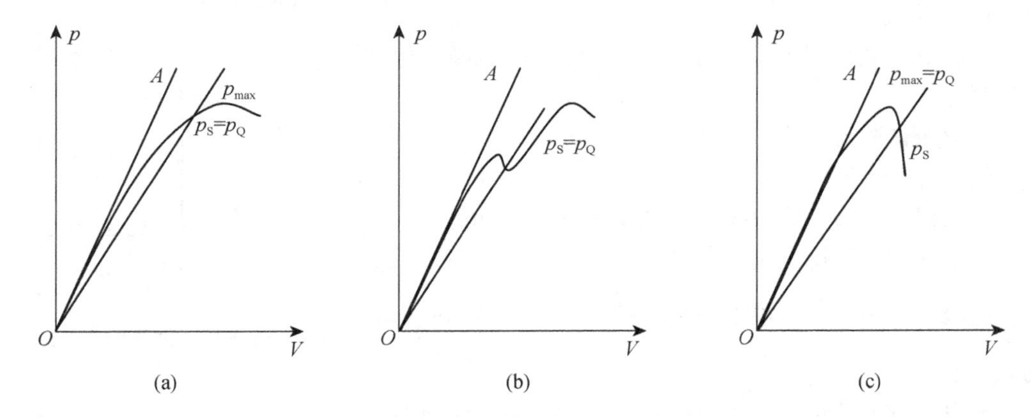

图 14-3　三种典型的 p－V 曲线

(a) 第Ⅰ类曲线；(b) 第Ⅱ类曲线；(c) 第Ⅲ类曲线

（1）用厚度足够大的试样进行试验时，往往测得的是第Ⅲ类曲线。这时除表面层极小部分外，其余大部分均处于平面应变状态下。在加载过程中，裂纹前端并无扩展，当载荷达到最大值时，试样发生骤然的脆性断裂，断口绝大部分是平断口，这时最大载荷就可作为 p_Q。

（2）当用厚度稍小的试样进行试验时，则可得到第Ⅱ类曲线，这类曲线有一个明显的"迸发"平台。这是由于在加载过程中试样中心层处于平面应变状态先行扩展，而表面层处于平面应力状态尚不能扩展，因而中心层的裂纹扩展很快地被表面层拖住。这种试样在试验过程中，在达到"迸发"载荷时，往往可以听到清楚的"爆声"。这时的"迸发"载荷（用 p_S 表示）等于 p_Q。

（3）当采用厚度为最小限度的试样进行试验时，所得到的往往属于第Ⅰ类曲线。在这种情况下，只能采用一定的工程假设，从 p－V 曲线上来确定所谓的"条件值" p_Q。

确定 p_Q的方法如下：

如果曲线属于第Ⅰ类曲线，从坐标原点 O 作割线 Op_S，其斜率比曲线的初始切线 OA 的斜率小 5%，Op_S与该曲线的交点所对应的载荷 p_S，如图 14-3(a)所示，当 $p_{max}/p_S \leqslant 1.1$ 时，取 $p_S = p_Q$。

如果曲线属于第Ⅱ类和第Ⅲ类曲线，用同样的作图法也可得到载荷 p_S，但在 p_S出现前，已有一个大于 p_S的载荷，此时就要以该载荷作为 p_Q。

（四）K_Q的测定

（1）在试样上粘贴刀口以便能安装夹式引伸计，刀口外沿间距不得超过 22 mm（图 14-4）。安装夹式引伸计时要使刀口和引伸计的凹槽配合好。

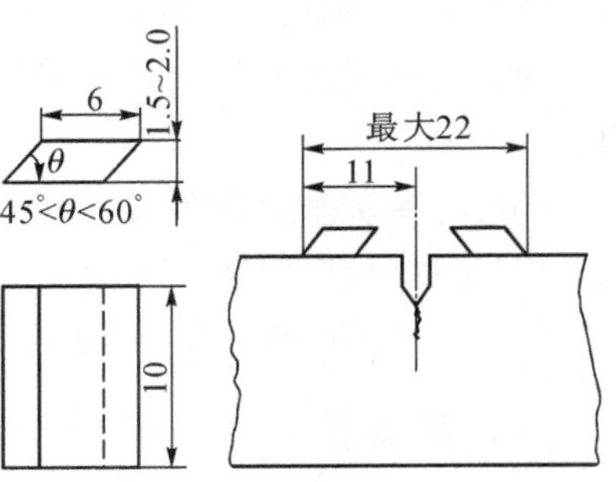

图 14-4　刀口及粘贴刀口位置示意图

（2）将试样按图 14-1 所示位置安放好，标定夹式引伸计。

(3) 调整好 X-Y 记录仪，开动拉伸机，缓慢匀速加载，直至试样明显开裂，停机。记录数据并绘制载荷和刀口张开位移之间的曲线。

(4) 取下夹式引伸计，开动拉伸机，将试样压断。停机取下试样。

(5) 记录试验温度和断口外貌。

(五) K_Q的计算

(1) 从记录的 p-V 曲线上按规定来确定 p_Q值。

(2) 用读数显微镜测出 5 个读数 a_1、a_2、a_3、a_4和 a_5，如图 14-5 所示，取中间三个读数的平均值 $a=\frac{1}{3}(a_2+a_3+a_4)$ 作为裂纹长度。

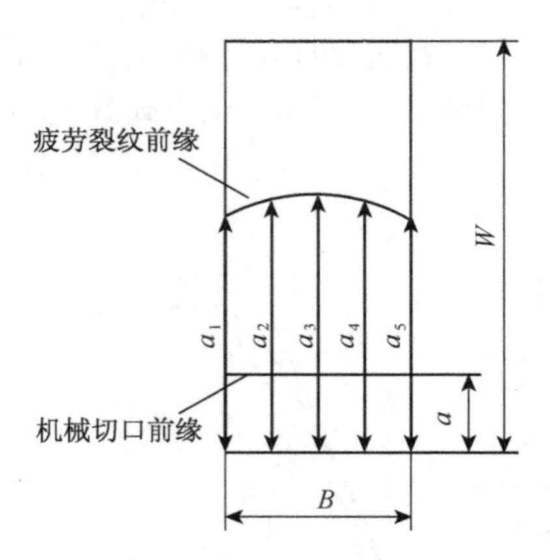

图 14-5 裂纹长度测量示意图

(3) 根据测得的 a 和 W 值，计算 a/W 值(精确到千分之一)，$f(a/W)$数值查表或计算。

$$f\left(\frac{a}{W}\right)=\frac{3\,(a/W)^{\frac{1}{2}}[1.99-(a/W)(1-a/W)\times(2.15-3.93a/W+2.7a^2/W^2)]}{2(1+2a/W)\,(1-a/W)^{\frac{3}{2}}} \tag{14-3}$$

(4) 将 p_Q、B、W 和 $f(a/W)$代入式(14-3)即可算出 K_Q 值，单位 $MPa\cdot m^{\frac{1}{2}}$。

$$K_Q=(p_QS/BW^{\frac{3}{2}})f(a/W) \tag{14-4}$$

(六) 实验结果的有效性

确定了 p_Q后，便可按载荷 p_Q算出 σ_c，或算出相应的 K 值，记为 K_Q，称为“条件断裂韧度”。如果 B 和 a 均大于 $2.5(K_Q/\sigma_s)^2$，并满足 $p_{max}/p_5\leqslant1.1$，则 K_Q就可以被当作材料的平面应变断裂韧度 K_{IC}。否则，还需要按 B 和 a 均大于 $2.5(K_Q/\sigma_s)^2$的要求制成更厚的试样试验，直到上述条件得到满足，才算完成试验。

五、实验注意事项

(1) 在三点弯曲试验时必须采用专用的支撑辊，支撑辊要能自由滚动，以使试样和支承间的摩擦所引起的误差减到最小。

(2) 所加载荷的作用线要通过跨度(两个支撑辊中心的距离)的中心，偏差应不超过跨度的 1%。

(3) 跨度误差应在名义程度的 0.5%以内。

(4) 裂纹端点要放在两个支撑辊间的中线上，偏差应不超过跨度的 1%。

(5) 试件和支撑辊的轴线要成直角，偏差应在 2°以内。

六、实验报告

(1) 将实验数据记录在表 14-2 和表 14-3 中。

表 14-2　实验试样测量数据表

高度 W/mm			厚度 B/mm			跨度 S/mm	裂纹长度/mm					$\frac{a}{W}$	修正系数 $f(a/W)$
W_1	W_2	W_3	B_1	B_2	B_3		a_1	a_2	a_3	a_4	a_5		
							$a=\frac{1}{3}(a_2+a_3+a_4)$						

表 14-3　金属材料平面应变断裂韧度 K_{IC} 测定实验记录表(一)

试样名称	试样状态	屈服极限/MPa	试验温度	p-V 曲线		
				p 量程/(N/mm)	V 量程/(mm/mm)	加载速率/(mm/S)

(2) 计算 K_Q，并验证其有效性，将计算结果记录在表 14-4 中。

表 14-4　金属材料平面应变断裂韧度 K_{IC} 测定实验记录表(二)

p_{max}/N	p_Q/N	p_{max}/p_Q	$2.5(K_Q/\sigma_s)^2$/mm	K_Q/(MPa·$m^{\frac{1}{2}}$)	K_{IC}/(MPa·$m^{\frac{1}{2}}$)

七、思考题

(1) 应力强度因子 K 是如何定义的?

(2) 什么是材料的断裂韧性?

(3) 简述测定断裂韧度 K_{IC} 的方法。

(4) 为什么将斜率降低 5% 的割线与 p-V 曲线的交点 p 作为确定 p_Q 的依据?

实验 15　薄膜与基体界面结合强度的测量

一、实验目的

（1）了解划痕仪测量薄膜与基体结合强度的原理。

（2）掌握用声发射方法测量薄膜结合力的原理及过程。

（3）掌握用摩擦力方法测量薄膜结合力的原理及过程。

二、实验原理

薄膜与基体的界面结合力是决定薄膜可靠性和使用寿命的重要因素，同时也是测试设备的生产与使用所关注的焦点之一。测定薄膜与基体界面结合力的试验方法有很多，如摩擦抛光试验、喷丸试验、弯曲试验、拉力试验、压痕试验以及划痕试验等，相应的测试设备也大多已经商品化。划痕试验法具有操作简便、直观、可量化比对等特点，且具有在一定程度上可以模拟实际工况等优点，它已被国际上多数国家所采用。目前国内也已陆续引进、研制和生产了多种型号的划痕试验仪，而且已形成了部颁行业标准《气相沉积薄膜与基体附着力的划痕试验法》(JB/T 8554—1997)。划痕试验的基本原理就是在载荷恒定增大的方式下，保持划针匀速直线划刻薄膜直至膜破坏，通过监测整个过程中声发射信号或者其他可动态测量量的变化标定出薄膜破坏时的临界载荷值 L_c，然后根据临界载荷测量值以及膜材料的一些物理参数计算得到膜与基体的界面失效应力。根据部颁行业标准 JB/T 8554—1997 所提供的经验公式，临界载荷 L_c 与界面失效应力具有线性对应关系。通常为方便起见，在实际应用过程中常将 L_c 值作为评价同类材料界面结合强度的主要参数。

划痕试验法是指用形状特定的压头在薄膜与基体组合体的薄膜表面上滑动，在此过程中连续线性地增大载荷 L，当 L 达到一定值，即临界载荷值 L_c 时，薄膜与基体开始剥离，此时脆性薄膜会产生高强且连续波动的声发射信号，声发射峰出现波动的起始点所对应的载荷值就是被测膜材料从基体脱落的临界载荷 L_c。当压头划到膜材料从基体脱落时，摩擦力 F 也将随载荷相应地发生变化。因此，摩擦力也可以作为判断临界载荷 L_c 的依据。

从压头的逐渐加载及其运动形式分析，薄膜的破坏经历了三个典型阶段。第一阶段，当载荷较低时，划痕内部光滑。随着载荷的增加，被划薄膜内开始出现少数裂纹，此时的载荷达到了薄膜内聚失效的临界载荷。在这一阶段，薄膜的破坏主要是轻微塑性变形。因此划痕宽度较窄，摩擦力较小，声发射信号也较平稳。在第二阶段，由于载荷较高，当压头划过后弹性恢复引起薄膜表面产生规则的横向裂纹，随载荷的进一步增加，薄膜逐渐被压入基体并产生塑性变形，从而产生新的横向裂纹，裂纹逐渐变密且方向变得不规则，直至划痕内部薄膜开始出现大片剥离，划痕宽度也明显变宽，膜的塑性变形将显著增大，有时还会出现划痕边界处薄膜局部小片剥落的现象。此时的载荷即为薄膜与基体界面附着失效的临界载荷 L_c。这时摩擦力及声发射信号会出现突然增大的现象。在第三阶段，此时载荷已经大于临界载荷，压头与基体直接接触，使基体塑性变形快速增大，声发射强度和摩擦力均处于较高的状态，由于膜自身的影响相对降低，因此声发射强度和摩擦力增大的趋势将趋于缓和。

影响 L_c 的因素主要有基体硬度、基体表面粗糙度、薄膜残余内应力以及薄膜与基体黏附能。基体硬度高，则其屈服强度高，使其塑性流变(塑性变形)小，从而使压头前面的薄膜中的张应力及薄膜剥离或翘起的趋势均减弱，故基体硬度高有利于提高 L_c；基体表面粗糙度小则有利于降低薄膜的表面粗糙度，同时也有利于薄膜生长完善而减小内应力，使摩擦因数 μ 降低而提高 L_c；薄膜-基体界面开始失效时，较高的内应力可使薄膜及界面层释放的应变能增大，从而使 L_c 降低。因此，降低薄膜中残余内应力有利于提高 L_c。薄膜与基体黏附能是将薄膜从基体上剥离下来所需的能量，由两种材料的结构和性质一致性及界面键合状态决定。综上，提高薄膜和基体材料强度、降低薄膜-基体界面能，均可提高黏附能，从而达到提高 L_c 值的目的。

划痕试验仪运用声发射检测技术、摩擦力检测技术及微机自控技术，通过自动加载机构将负荷连续加至划针(金刚石压头)上，同时移动试样，使划针划过涂层表面。通过各传感器获取划痕时的声发射信号、载荷的变化量、摩擦力的变化量并输入计算机经 A/D 转换将测量结果绘制成图形，由此可得涂层与基体的结合强度(涂层破坏瞬间的临界载荷)。

三、实验仪器

实验仪器采用中国科学院兰州化学物理研究所兰州中科凯华科技开发有限公司研发的 WS—2005 涂层附着力划痕试验仪。该仪器的具体参数如下：

名称：涂层附着力自动划痕仪

型号：WS—2005

附件：

(1) 样品夹具两个：根据测量方式选择相应的夹具类型。

(2) 金刚石压头两只：锥角 120°，尖端半径 R=0.2 mm；
锥角 90°，尖端半径 R=0.1 mm。

另配：体式显微镜一台，便于观察划痕结果。其主要参数如下：

加荷范围：0.01～100 N，自动连续加荷，精度 0.1 N；

划痕速度：2～10 mm/min；

加荷速率：10～100 N/min；

测量范围：0.5～10 μm；

划痕范围：2～30 mm，自动；

压头：金刚石，锥角 120°，尖端半径 R=0.2 mm；

显微镜：100×2.5；

测试操作：键盘操作，微机控制。

四、实验内容与步骤

1. 准备工作

(1) 检查仪器是否良好接地。

(2) 各接线插头是否正确，接触良好。

(3) 机架平台放置要平稳、牢靠。

(4) 调整好主机加载横梁固定螺钉的松紧。

(5) 将所测样品清洗干净。

2. 实验内容

(1) 打开计算机电源,进入 windows XP 资源管理器窗口,在驱动器 D 盘下"WS-划痕仪"目录中找到"WS-****.exe"执行文件。双击鼠标,仪器运行程序,显示仪器封面窗体,用鼠标左键单击窗体右下角图标,屏幕出现主控窗体。

(2) 打开仪器控制箱电源,此时控制箱电源灯亮。预热 15 min 后测量样品。

(3) 根据试样选择夹具、压头,将试样紧固。

(4) 调整载荷零点。主控箱预热后,逆时针旋动主机加载螺杆,使加载梁前端离开载荷传感器球形支点,金刚石压头离开样品表面。调整仪器控制箱载荷调零旋钮,使屏幕主控窗口右上方载荷文本框中数值显示为"0",然后再顺时针旋转加载螺杆使载荷文本框中数值显示为"0.01",此时划痕压头刚好触及试样表面,准备测试。

(5) 样品测试。

① 在主控窗体下,用鼠标左键单击"设定"按钮,弹出参数输入窗口,设置参数,输入试验日期、样品号、加载速率等试验参数;选择好测量方式与运行方式后点击"确定"键。

② 鼠标左键单击"清除"按钮,清除主控屏幕上的图形。

③ 鼠标左键单击设定的"运行方式"按钮,测试开始。

(6) 鼠标左键单击"存储"按钮,保存。

(7) 关机。

① 用鼠标单击主控窗口和封面窗口右上角按钮,退出控制程序。

② 关闭控制箱开关,再关闭计算机。

五、实验注意事项

(1) 仪器使用的计算机为专用控制机。严禁更改操作系统、格式化硬盘、上网、游戏和影响计算机安全的操作。

(2) 仪器使用完毕后,必须关闭主控制箱电源,以免主控电机长期通电过热烧毁。

(3) 参数设定的时间性要一致。

(4) 保持仪器表面干燥或涂少许润滑油,防止生锈。

(5) 定期向仪器运动部件滑轨、丝杠、轴承、齿轮等加注润滑油。

六、思考题

声发射方法与摩擦力方法的测量有何区别?对样品有怎样的要求?

第三章　材料的物理性能及其测试分析

实验 16　材料的综合热分析

一、实验目的和要求

(1) 掌握热重法和差热分析的原理和仪器结构。

(2) 掌握差热分析、差示扫描量热法和热重法测试技术。

(3) 掌握 DTA、DSC、TG、TGA 和 DTG 曲线的分析方法。

二、实验原理

随着热分析技术和研究的发展，国际热分析协会于 1968 年成立。该协会于 1977 年对热分析的定义如下：热分析是测量在受控程序温度条件下，物质的物理性质随温度变化的函数关系的技术。

(一) 差热分析法(DTA)

差热分析法(Differential Thermal Analysis，DTA)是通过温差测量来确定物质的物理化学性质的一种热分析方法，具体是指在程序控制温度下，测量试样与参比的基准物质之间的温度差与时间(或环境温度)关系的一种技术。描述这种关系的曲线称为差热曲线或 DTA 曲线。该法广泛应用于测定物质在热反应时的特征温度及吸收或放出的热量，包括物质相变、熔化、分解、化合、脱水、蒸发等物理或化学反应。DTA 是无机、有机，特别是高分子聚合物、玻璃钢等方面热分析的重要手段。

材料的吸热和放热过程在差热曲线上表现为温度-时间曲线的斜率突变，或者是温度差-时间曲线的热效应峰。如果在升(降)温过程中，试样有热效应，那么在 DTA 曲线上就可以看到温度的平台或升(降)温速度(斜率)的突变。根据热效应出现的温度，可以确定相转变温度；根据热效应峰包含的面积，可以确定反应过程吸收或放出的热量；根据曲线斜率的变化，可以确定相转变速度；等等。

图 16-1　差热分析原理图

1—试样；2—参比物；3—测温热电偶；4—电表

DTA 曲线的测量原理如图 16-1 所示。将试样和参比物分别放入坩埚，置于炉中以一定速率进行程序升温，以 T_S、T_R分别表示试样和参比物各自的温度，设它们的热容量不随温度而变。图 16-1 中两对热电偶反向联结，构成差示热电偶。在电表 T_S 处测得

的为试样温度 T_S；在电表 ΔT 处测得的即为 T_S 和参比物温度 T_R 之差，$\Delta T=T_S-T_R$。

若以 ΔT 对温度 T 作图，所得 DTA 曲线如图 16-2 所示，随着温度的增加，试样产生了热效应（例如相转变），与参比物间的温差变大，在 DTA 曲线中表现为峰、谷。显然，温差越大，峰、谷也越大；试样发生变化的次数越多，峰、谷的数目也越多，所以各种吸热谷和放热峰的个数、形状和位置及相应的温度可用来定性地鉴定所研究的物质，而其面积与热量的变化有关。

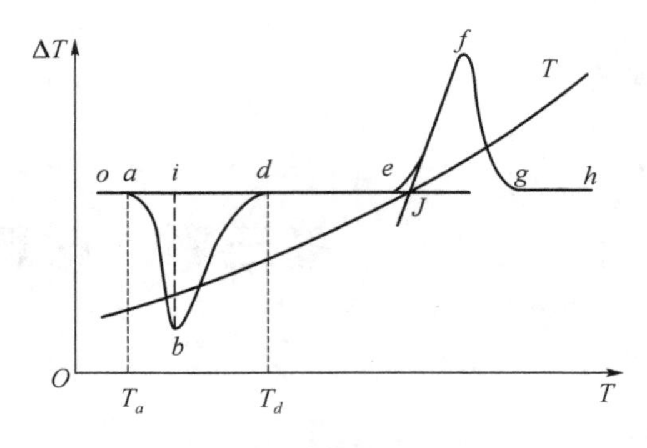

图 16-2　典型的差热分析曲线

（二）差示扫描量热法（DSC）

在差热分析过程中，当试样产生热效应的时候，由于试样内的热传导和试样的实际温度会由于试样的吸热和放热而改变，与程序所控制的温度不再一致，从而给试样热量的定量测定带来困难。因此，为了获得更准确的热效应，需要采用差示扫描量热法（Differential Scanning Calorimetry, DSC）来测定。

差示扫描量热法是在程序控温下，测量物质和参比物之间的能量差随温度变化关系的一种技术（国际标准 ISO 11357—1）。根据测量方法的不同，又分为功率补偿型 DSC 和热流型 DSC 两种类型。常用的功率补偿 DSC 是在程序控温下，使试样和参比物的温度相等，测量每单位时间输送给两者的热能功率差与温度的关系的一种方法。

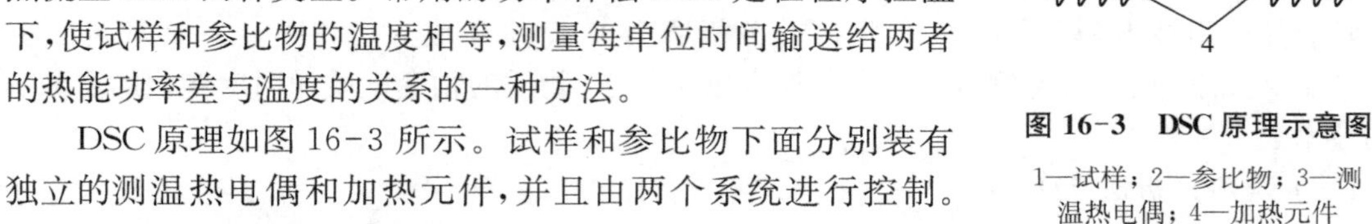

图 16-3　DSC 原理示意图

1—试样；2—参比物；3—测温热电偶；4—加热元件

DSC 原理如图 16-3 所示。试样和参比物下面分别装有独立的测温热电偶和加热元件，并且由两个系统进行控制。其中一个系统控制升温速率，另一个用于补偿试样和参比物之间的温差。不论试样是吸热还是放热，始终保持动态零位平衡。

DSC 曲线是在控制温度变化情况下，以温度（或时间）为横坐标，以样品与参比物间温差为零所需供给的热量为纵坐标所得的扫描曲线。因此，DTA 曲线是测量 $\Delta T-T$ 的关系[图 16-4(a)]，而

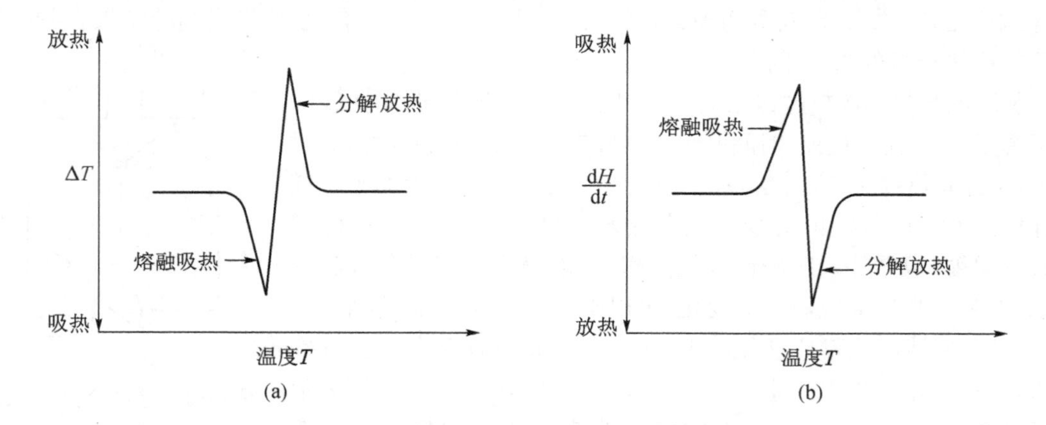

图 16-4　DSC 曲线和 DTA 曲线的比较

(a) 熔融吸热后紧跟分解放热的 DTA 曲线；(b) 熔融吸热后紧跟分解放热的 DSC 曲线

DSC 是保持 $\Delta T=0$，测定 $\Delta H-T$ 的关系[图 16-4(b)]。两者最大的差别是 DTA 只能用于定性或半定量热分析，而 DSC 的结果可用于定量分析。

(三) 热重分析法(TG)

热重分析法(Thermo gravimetry, TG)是在程序控制温度下，测量物质的质量随温度变化的一种实验技术。记录的曲线称为热重曲线或 TG 曲线。热重分析通常有静态法和动态法两种类型。

静态法又称等温热重法，是在恒温下测定物质质量变化与温度的关系，通常把试样在各给定温度加热至恒重。该法比较准确，常用来研究固相物质热分解的反应速度和测定反应速度常数。

动态法又称非等温热重法，是在程序升温下测定物质质量变化与温度的关系，采用连续升温连续称重的方式。该法简便，易于与其他热分析法组合在一起，实际中采用得较多。

TG 测量使用的仪器为热天平，其测量原理如图 16-5 所示。在加热过程中，当试样无质量变化时天平保持初始平衡状态；当试样有质量变化时天平失去平衡，靠电磁的作用力使天平回复到原来的平衡位置，所施加的作用力与质量变化成正比。将产生电磁作用力的电流和产生质量变化的温度输入记录仪，即得到 TG 曲线，如图 16-6 所示。横坐标为温度或时间，纵坐标为质量，也可用失重百分数等其他形式表示。

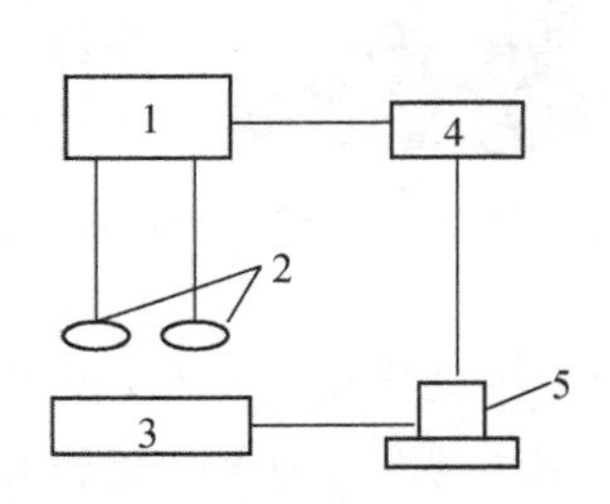

图 16-5 TG 测量原理示意图

1—微热天平；2—铂金托盘；3—加热器；4—天平控制器；5—记录仪

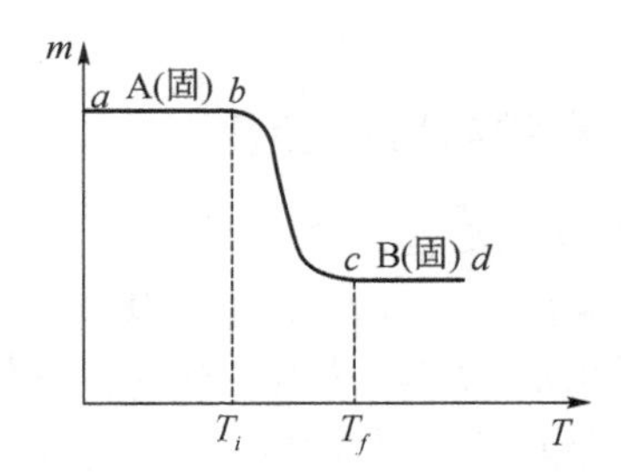

图 16-6 固体热分解反应的热重曲线

(四) 微商热重法(DTG)

微商热重法(Derivative Thermogravimetry, DTG)是能记录 TG 曲线对温度或时间的一阶导数的一种技术，DTG 曲线(图 16-7)记录的是质量变化速率与温度或时间的函数。

(五) 综合热分析

所谓综合热分析，就是对试样同时采用两种或多种热分析技术。如热重分析和差热分析联用，则以 TG - DSC/DTA 表示。综合热分析技术的优点是在完全相同的实验条件下，即在同一次实验中可以获得多种信息，如进行 DTA - TG - DTG 综合热分析可以一次同时获得差热曲线、热重曲线和微商热重曲线。根据在相同的实验条件下得到的关于试样热变化的多种信息，就可以比较顺利地得出符合实际的判断。

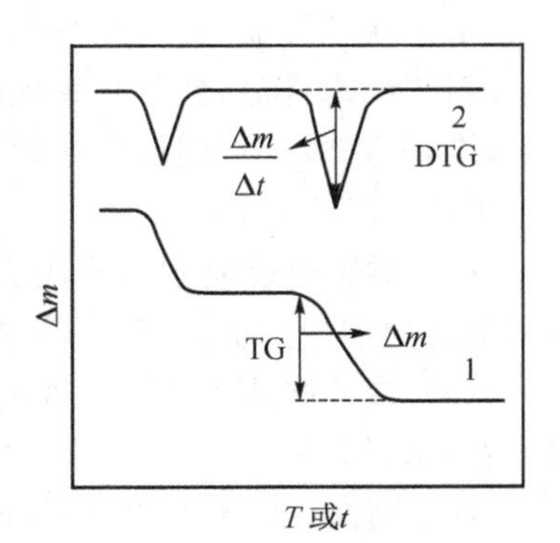

图 16-7 TG 曲线和 DTG 曲线对比图

1—TG 曲线；2—DTG 曲线

综合热分析曲线(图 16-8)实际上是各单功能热曲线测绘在同一张记录纸上，因此，各单功能热曲线的分析方法可以应用于综合热分析曲线中的各条曲线。

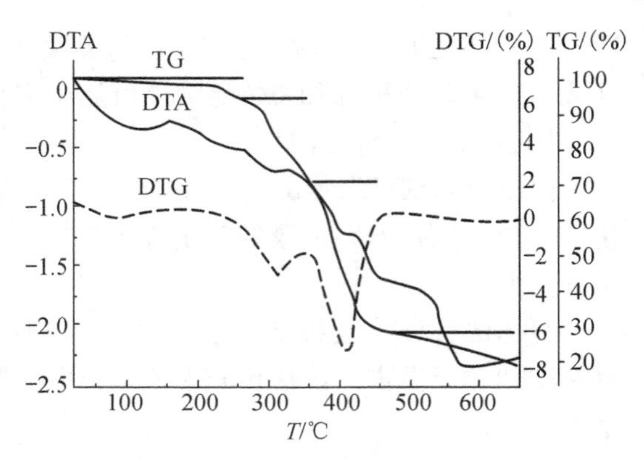

图 16-8　综合热分析曲线

三、实验设备和材料

(1) 实验设备：德国耐弛仪器制造有限公司 STA 499 型综合热分析仪，如图 16-9 所示。该仪器为国际先进水平。最高加热温度为 1 700℃，热天平采用恒温水套冷却，样品室可以通入氮气或惰性气体，也可以在真空下进行加热，全部设置在计算机上完成，整套仪器的实验过程全部自动完成。仪器装有曲线分析软件，可直接进行曲线的定量和定性分析，功能十分强大。

(2) 实验材料：高密度聚乙烯、聚丙烯、CaC_2O_4。

图 16-9　STA 499 型综合热分析仪

四、实验内容和步骤

(一) 样品准备

(1) 检查并保证测试样品及其分解物绝不能与测量坩埚、支架、热电偶或吹扫气体发生反应，以免污染样品支架和热电偶。

(2) 为了保证测量精度，测量所用的坩埚(包括参比坩埚)必须预先进行热处理，使其达到等于或高于其最高测量温度。

(3) 测试样品为粉末状、颗粒状、片状、块状、固体、液体均可，但需保证与测量坩埚底部接触良好，样品应适量(如在坩埚中放置 1/3 厚或 15 mg 重)，以便减小在测试中样品温度梯度，确保测量精度。

对于块状样品，建议切成薄片或碎粒。

对于粉末样品，使其在坩埚底部铺平成一薄层。

堆积方式：一般建议堆积紧密，有利于样品内部的热传导，对于有大量气体产物生成的反应，可适当疏松堆积。

(4) 对于热反应剧烈或在反应过程中产生气泡的样品，应适当减少样品量。除测试要求外，测量坩埚应加盖，以防反应物因反应剧烈溅出而污染仪器。

(5) 参考样品在试样的观测温区内不存在吸放热效应。参考样品的热性质、数量、形态等特性与试样相同。

(6) 用仪器内部天平称量样品时，炉子内部的温度必须保持恒定(室温)，天平稳定后的读数才有效。

(7) 测试时必须保证样品温度(达到室温)，且必须待天平稳定后才能开始测试。

（二）实验条件的选择

（1）保护气体：用于在操作过程中对仪器及天平进行保护，以防止受到样品在测试温度下所产生的毒性及腐蚀性气体的侵害。N_2 和 Ar、He 等惰性气体均可用作保护气体。保护气体输出压力应调整为 0.05 MPa，流速≤30 mL/min，一般设定为 15 mL/min。开机后，保护气体开关应始终为打开状态。

（2）吹扫气体：在样品测试过程中，吹扫气体用作气氛气或反应气。一般采用惰性气体，也可用氧化性气体（如空气、氧气等）或还原性气体（如 CO、H_2 等）。但应慎重考虑使用氧化、还原性气体作气氛气，特别是还原性气氛体，会缩短样品支架热电偶的使用寿命，还会腐蚀仪器上的零部件。

（3）恒温水浴：恒温水浴是用来保证测量天平工作在一个恒定的温度下。一般情况下，恒温水浴的水温调整为至少比室温高 2℃，恒温水浴至少提前 1 h 打开。

（4）真空泵：为了保证样品测试中不被氧化或与空气中的某种气体进行反应，需要真空泵对测量管腔进行反复抽真空并用惰性气体置换。一般置换 2～3 次即可。

（三）实验步骤

（1）开机，开机过程无先后顺序。为保证仪器稳定精确地测试，STA 499 的天平主机应一直处于带电开机状态，除长期不使用外，应避免频繁开机、关机。恒温水浴及其他仪器应至少提前 1 h 打开。

（2）开机后，首先调整保护气及吹扫气体输出压力及流速并待其稳定。

（3）进入测量运行程序。输入样品名称、样品编号，称量样品质量，将样品装入坩埚，输入样品质量。

（4）把炉子打开，将装样品的坩埚放入样品支架，关闭炉子。

（5）选择标准温度校正文件，选择标准灵敏度校正文件。

（6）选择或进入温度控制编程程序（即基线的升温程序），升温速度除特殊要求外，一般为 10～30 K/min。

（7）仪器开始测试，采集实验过程中的相关数据，得到 TG－DSC 或 TG－DTA 曲线，直到完成。

（四）测试结果分析

（1）仪器测试结束后打开“Tools”菜单，从下拉菜单中选择“Run analysis program”选项，进入软件界面。

（2）在分析软件界面中点击工具栏中的“Segments”按钮，打开“Segments”对话框，去掉“Segments”对话框中的“1”“2”复选项，点击“OK”按钮并关闭对话框。

（3）点击工具栏上的“X－time/X－temperature”转换开关，使横坐标由时间转换成温度。

（4）点击待分析曲线并使之选中，然后点击工具栏上的“1st Derivative”一次微分按钮，屏幕上出现一条待分析曲线的一次微分曲线。

（5）完成全部分析内容后，即可打印输出，测试分析操作结束。

五、实验报告

（1）简述 DTA、DSC、TG 和 DTG 的基本原理。

（2）分析和讨论实验所得的综合热分析曲线。

六、思考题

(1) 什么是热分析？热分析包含哪些内容？

(2) STA 499 型综合热分析仪的结构组成是什么？

(3) 结合实验结果讨论实验过程中可能会影响热分析曲线的因素。

实验 17　金属材料线膨胀系数的测定

一、实验目的和要求

(1) 掌握线膨胀系数的定义和测定原理。

(2) 掌握金属材料线膨胀系数的测定方法。

(3) 掌握千分表的使用方法。

(4) 学会测定铸铁和铜两种金属材料的线膨胀系数。

二、实验原理

(一) 线膨胀系数

绝大多数物质都具有热胀冷缩的特性，这是由于物体内部分子热运动随着温度的上升(或下降)而加剧(或减弱)。这个性质在工程结构的设计中、在机械和仪器的制造中、在材料的加工(如焊接)中，都应考虑到。否则，将影响结构的稳定性和仪表的精度。考虑失当，甚至会造成工程的损毁、仪器的失灵以及加工焊接中的缺陷和失败等。

材料的线膨胀是材料受热膨胀时，在一维方向的伸长。线膨胀系数是选用材料的一项重要指标。特别是研制新材料时，一定要对材料线膨胀系数做测定。

固体受热后其长度的增加称为线膨胀。经验表明，在一定的温度范围内，原长为 L 的物体，受热后其伸长量 ΔL 与其温度的增加量 ΔT 近似成正比，与原长 L 亦成正比，即

$$\Delta L = \alpha L \Delta T \tag{17-1}$$

式中，比例系数 α 就称为固体的线膨胀系数(简称线胀系数)。大量实验表明，不同材料的线胀系数不同，塑料的线胀系数最大，金属次之，殷钢、熔融石英的线胀系数很小。殷钢和石英的这一特性在精密测量仪器中有较多的应用。

表 17-1　几种材料的线胀系数

材　料	铜、铁、铝	普通玻璃、陶瓷	殷钢	熔融石英
α 数量级	约 10^{-5} ℃$^{-1}$	约 10^{-6} ℃$^{-1}$	$<2\times10^{-6}$ ℃$^{-1}$	约 10^{-7} ℃$^{-1}$

实验还发现，同一材料在不同温度区域，其线胀系数不一定相同。某些合金，在金相组织发生变化的温度附近，同时会出现线胀量的突变。因此测定线胀系数也是了解材料特性的一种手段。但是，在温度变化不大的范围内，线胀系数仍可认为是一常量。

(二) 线膨胀系数的测定原理

为测量线胀系数，我们将材料做成条状或杆状。由式(17-1)可知，测量出 T_1 时杆长 L、受热后温度达 T_2 时的伸长量 ΔL 和受热前后的温度 T_1 及 T_2，则该材料在(T_1，T_2)温区的线胀系数为

$$\alpha = \frac{\Delta L}{L(T_2 - T_1)} \tag{17-2}$$

其物理意义是固体材料在(T_1，T_2)温区内，温度每升高1℃时材料的相对伸长量，其单位为$℃^{-1}$。

测线胀系数的要点是如何测伸长量ΔL。先估算出ΔL的大小，若$L \approx 250$ mm，温度变化$T_2 - T_1 \approx 100$℃，金属的α数量级为10^{-5} ℃$^{-1}$，则可估算出$\Delta L \approx 0.25$ mm。对于这么微小的伸长量，用普通量具如钢尺或游标卡尺是测不准的。可采用千分表(分度值为0.001 mm)、读数显微镜、光杠杆放大法、光学干涉法。本实验中采用千分表测微小的线膨胀量。

(三) 千分表读数原理

千分表是一种通过齿轮的多极增速作用，把一微小的位移，转换为读数圆盘上指针的读数变化的微小长度测量工具，它的结构和传动原理如图17-1所示。

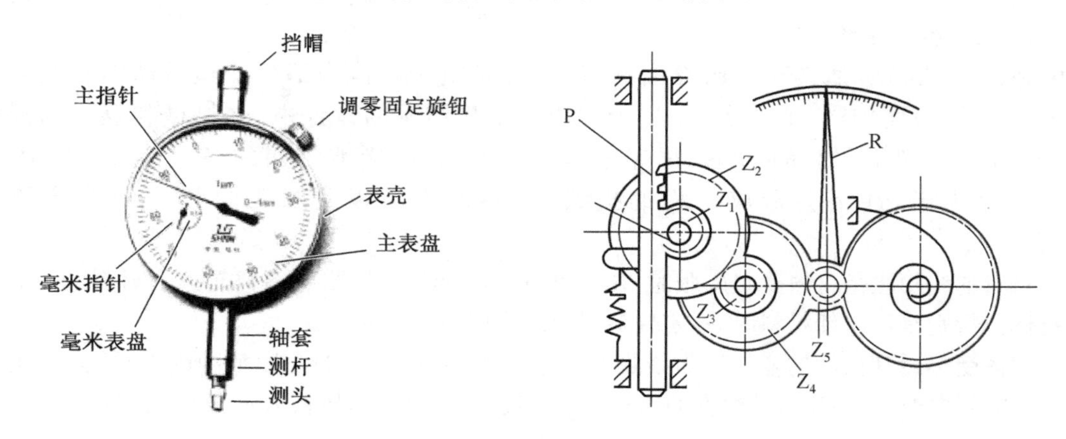

图 17-1 千分表结构及传动原理

P—带动齿条的测杆；$Z_1 \sim Z_5$—转动齿轮；R—读数指针

千分表在使用前，需要进行调零。调零方法是：在测头无伸缩时，松开调零固定旋钮，旋转表壳，使主表盘的零刻度对准主指针，然后固定调零固定旋钮。调零后，毫米指针与主指针都应该对准相应的0刻度。

千分表的读数方法：本实验中使用的千分表，其测量范围是0～1 mm。当测杆伸缩0.1 mm时，主指针转动一周，且毫米指针转动一小格，而表盘被分成了100个小格，所以主指针可以精确到0.1 mm的1/100，即0.001 mm，可以估读到0.000 1 mm。即

$$千分表读数 = 毫米表盘读数 + \frac{1}{1\,000}主表盘读数 \quad (单位:mm)$$

(毫米表盘读数不需要估读，主表盘读数需要估读)

三、实验设备和材料

(1) 实验设备：卧式石英膨胀仪，其装置结构如图17-2所示。

(2) 实验材料：铸铁和铜试样。

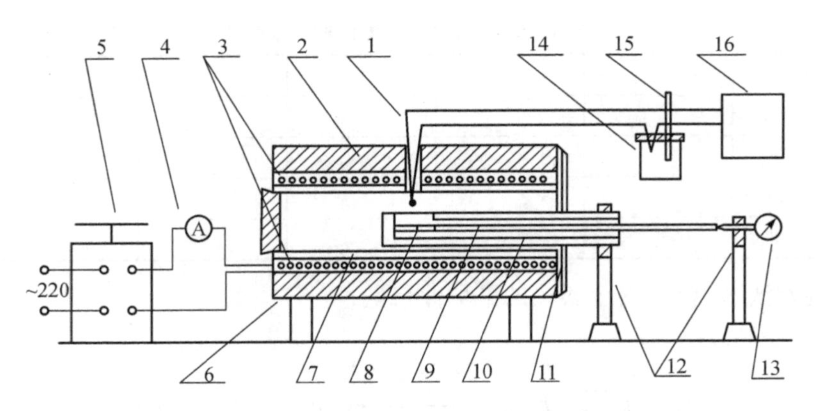

图 17-2　卧式石英膨胀仪的结构示意图

1—测温热电偶；2—膨胀仪电炉；3—电热丝；4—电流表；
5—调压器；6—电炉铁壳；7—铜柱电炉芯；8—待测试棒；
9—石英玻璃棒；10—石英玻璃管；11—遮热板；12—铁制支承架；
13—千分表；14—水瓶；15—水银温度计；16—电位差计

四、实验内容和步骤

(1) 设置测试参数。安装好实验装置，连接好电缆线，打开电源开关，“测量选择”开关旋至“设定温度”挡，调节“设定温度粗选”和“设定温度细选”旋钮，选择设定加热盘为所需的温度值。将“测量选择”开关拨向“上盘温度”挡，打开加热开关，观察加热盘温度的变化，直至加热盘温度恒定在设定温度。

(2) 测量线膨胀系数。当加热盘温度恒定在设定温度时，读出千分表数值 L_1，然后温度每升高 5℃记录一次千分表读数，记为 L_2、L_3、L_4、L_5、L_6、L_7、L_8、L_9、L_{10}。

(3) 用逐差法求出 5℃时金属棒的平均伸长量，由式(17-2)即可求出金属棒在(50℃，95℃)温度区域内的线膨胀系数。

五、实验注意事项

(1) 千分表安装须适当固定（以表头无转动为准），且与被测物体有良好的接触(读数在 0.2～0.3 mm 处较为适宜)。

(2) 因伸长量极小，故仪器不能有振动。

(3) 千分表测头须保持与实验样品在同一直线上。

六、实验报告

(1) 数据记录及处理。将实验所得数据记录在表 17-2 和表 17-3 中。

表 17-2　原试件长度测量

试件名称	L_1	L_2	L_3	$\overline{L}$
铸铁				
铜				

表 17-3　不同温度值下试件的长度

测量次数 i	1	2	3	4	…	n
t/℃						
L/mm						
$\Delta t = t_i - t_0$						
$\Delta L = L_i - L_0$/mm						

（2）用逐差法求出 5℃时金属棒的平均伸长量：

$$\overline{\Delta L} = \overline{L_{i+5} - L_i} = \frac{\sum_{i=1}^{5} L_{i+5} - L_i}{5} = \qquad \text{(mm)} \tag{17-3}$$

$$\overline{\Delta(L_{i+5} - L_i)} = \frac{\sum_{i=1}^{5}[\,|\overline{\Delta L} - (L_{i+5} - L_i)|\,]}{5} = \qquad \text{(mm)} \tag{17-4}$$

（3）根据原始数据，绘制出待测材料的线膨胀曲线。

（4）根据公式计算出线膨胀系数。

七、思考题

（1）简述石英膨胀仪测定材料线膨胀系数的原理。

（2）影响测定线膨胀系数实验的因素有哪些？如何避免？

（3）测定金属材料线膨胀系数实验的误差来源主要有哪些？

（4）利用千分表读数时应注意哪些问题？如何减小误差？

实验 18　不良导体导热系数的测定

一、实验目的

(1) 掌握稳态法测不良导体导热系数的方法。

(2) 了解物体散热速率与传热速率的关系。

(3) 学习用作图法求冷却速率。

(4) 掌握一种用热电转换方式进行温度测量的方法。

二、实验原理

(一) 热传导定律

热传导实质是由物质中大量的分子热运动互相撞击，而使能量从物体的高温部分传至低温部分，或由高温物体传给低温物体的过程。在固体中，热传导的微观过程是：在温度高的部分，晶体中节点上的微粒振动动能较大；在低温部分，微粒振动动能较小。因为微粒的振动互相作用，所以在晶体内部热能由动能大的部分向动能小的部分传导。固体中热的传导，就是能量的迁移。

1882 年，法国著名物理学家傅里叶(Fourier)提出了热传导定律：当物体内的温度分布只依赖于一个空间坐标，而且温度分布不随时间而变化时，热量只沿温度降低的一个方向传递。即如果热量是沿着 Z 方向传导，那么在 Z 轴上任一位置 Z_0 处取一个垂直截面积 $\mathrm{d}S$，以 $\left(\frac{\mathrm{d}T}{\mathrm{d}Z}\right)_{Z_0}$ 表示在 Z_0 处的温度梯度，以 $\frac{\mathrm{d}Q}{\mathrm{d}t}$ 表示该处的传热速度(单位时间内通过截面积 $\mathrm{d}S$ 的热量)，那么热传导定律可表示成：

$$\frac{\mathrm{d}Q}{\mathrm{d}t}=-\lambda\left(\frac{\mathrm{d}T}{\mathrm{d}Z}\right)_{Z_0}\mathrm{d}S \tag{18-1}$$

式中，λ 为导热系数，W/(m・K)。式中的负号表示热流方向和温度梯度的方向相反。

(二) 导热系数

导热系数是反映材料导热性能的重要参数之一，导热系数大、导热性能好的材料称为良导体；导热系数小、导热性能差的材料，称为不良导体。一般来说，金属的导热系数比非金属的大；固体的导热系数比液体的大；气体的导热系数最小。材料结构的变化与所含杂质的不同对材料导热系数的数值都有明显的影响，因此材料的导热系数常常需要由实验去具体测定。

(三) 导热系数的测量方法

测量导热系数的实验方法按照温度与时间的变化关系可以分为稳态法和动态法两类。在稳态法中，先利用热源对样品加热，样品内部的温差使热量从高温向低温处传导，样品内部各点的温度将随加热快慢和传热快慢的影响而变动；若适当控制实验条件和实验参数使加热和传热的过程达到平衡状态，则待测样品内部可能形成稳定的温度分布，根据这一温度分布就可以计算出导热系数。它的优点在于原理清晰，可直接准确地获得导热系数绝对值；缺点在于测定时间长、对环境要求苛刻，因此常用于低导热系数材料的测量。

而在动态法中，最终在样品内部所形成的温度分布是随时间变化的，如呈周期性的变化，变化的周期和幅度亦受实验条件和加热快慢的影响，与导热系数的大小有关。在实验中对试样进行短时间加热，使实验材料的温度发生变化，根据其变化的特点，通过解导热微分方程，可求得实验材料的导热系数。

本实验介绍比较简单的测定不良导体导热系数的稳态法。

(四) 稳态法测定导热系数

1898 年，C. H. Lees 首先使用平板法测量不良导体的导热系数，这是一种稳态法。实验中，将样品制成平板状，其上端面与一个稳定的均匀发热体充分接触，下端面与一均匀散热体相接触。由于平板样品的侧面积比平板平面小得多，可以认为热量只沿着上下方向垂直传递，横向由侧面散去的热量可以忽略不计，即可以认为，样品内只有在垂直样品平面的方向上有温度梯度，在同一平面内，各处的温度相同。其装置如图 18-1 所示。

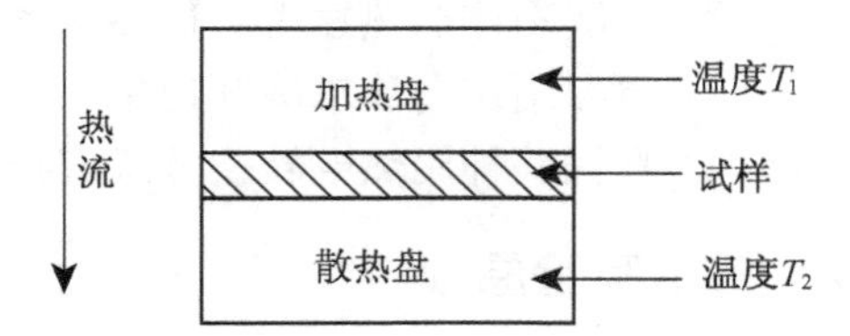

图 18-1 导热系数实验装置示意图

该实验装置是根据在一维稳态情况下，通过平板的导热量 Q 与平板两面的温度差 ΔT、平板的厚度以及导热系数分别成正比的关系来设计的。

设加热盘的温度为 T_1，位于试样下面的散热盘的温度为 T_2，当传热达到稳定状态时，根据傅里叶热传导定律的方程式(18-1)，在 Δt 时间内通过样品的热量 ΔQ 满足下式：

$$\frac{\Delta Q}{\Delta t}=\lambda\frac{T_1-T_2}{h_1}S \tag{18-2}$$

式中 λ——样品的导热系数；

h_1——样品的厚度；

S——样品的平面面积，实验中样品为圆盘状。

设圆盘样品的半径为 R_1，则由式(18-2)得

$$\frac{\Delta Q}{\Delta t}=\lambda\frac{T_1-T_2}{4h_1}\pi R_1^2 \tag{18-3}$$

利用式(18-3)测量材料的导热系数 λ，需解决两个关键的问题：一个是如何测定材料内的温度梯度 $\frac{T_1-T_2}{h_1}$；另一个是如何测量材料内由高温区向低温区的传热速率 $\frac{\Delta Q}{\Delta t}$。

(1) 当传热达到稳定状态时，只要测出样品的厚度 h 和两块铜板的温度 T_1、T_2，就可以确定样品内的温度梯度 $\frac{T_1-T_2}{h_1}$。

(2) 当传热达到稳定状态时，样品上、下表面的温度不变，这时可以认为加热盘通过样品传递的热流量与散热盘向周围环境的散热量相等。因此可以通过散热盘在稳定温度时的散热速率来求出传热速率 $\frac{\Delta Q}{\Delta t}$。

实验时，当测得稳态时的样品上、下表面温度 T_1 和 T_2 后，将试样抽去，让加热盘与散热盘接触，当散热盘的温度上升到高于稳态时的 T_2 值 20℃或者 20℃以上后，移开加热盘，让散热盘在电扇作用下冷却，记录散热盘温度 T 随时间 t 的下降情况，求出散热盘在 T_2 时的冷却速

率 $\left.\frac{\Delta T}{\Delta t}\right|_{T=T_2}$，则散热盘在 T_2时的散热速率为

$$\frac{\Delta Q}{\Delta t}=mc\left.\frac{\Delta T}{\Delta t}\right|_{T=T_2} \tag{18-4}$$

式中　m——散热盘的质量；

c——散热盘的比热容。

在试样传热过程中，只考虑散热盘下表面和侧面散热，散热盘的上表面并未暴露在空气中。而测定散热盘散热速率时，散热盘上、下表面和侧面都参与散热，而冷却物体的冷却速率与它的散热表面积成正比。因此，稳态时散热盘的散热速率的表达式在作面积修正后公式如下：

$$\frac{\Delta Q}{\Delta t}=mc\left.\frac{\Delta T}{\Delta t}\right|_{T=T_2}\left(\frac{R_2+2h_2}{2R_2+2h_2}\right) \tag{18-5}$$

式中　R_2——散热盘的半径；

h_2——散热盘的厚度。

将式(18-5)代入式(18-3)，整理得导热系数表达式如下：

$$\lambda=mc\left.\frac{\Delta T}{\Delta t}\right|_{T=T_2}\left(\frac{R_2+2h_2}{2R_2+2h_2}\right)\left(\frac{h_1}{T_1-T_2}\right)\left(\frac{1}{\pi R_1^2}\right) \tag{18-6}$$

三、实验仪器及材料

(1) 实验仪器：导热系数测定仪(图 18-2)，天平，游标卡尺。

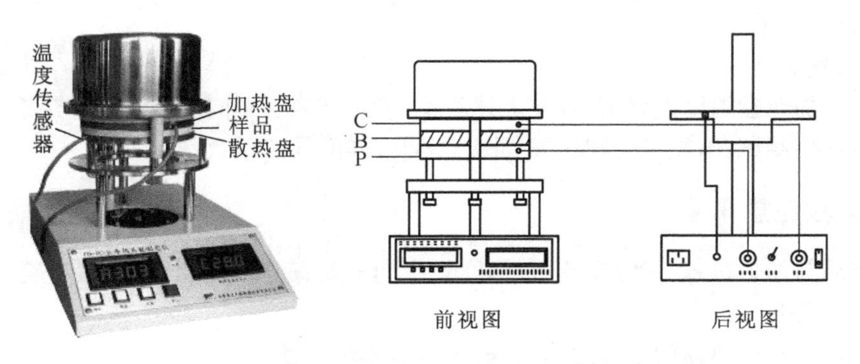

图 18-2　导热系数测定仪外观及其结构示意图

C—橡皮样品圆盘；B—铜散热盘；P—支架

如图 18-2 所示，导热系数测定仪由电加热器、铜加热盘、橡皮样品圆盘、铜散热盘、支架及调节螺丝、温度传感器以及控温与测温器组成。

(2) 实验材料：橡皮样品。

四、实验内容和步骤

(一) 样品的测量

用游标卡尺测量待测样品盘的半径 R_1和厚度 h_1，散热盘的半径 R_2和厚度 h_2，用天平称量散热盘的质量 m。

(二) 安装实验装置

(1) 将橡皮样品放在加热盘与散热盘中间，橡皮样品要求与加热盘、散热盘上下完全对准；调节底部的三个微调螺丝，使样品与加热盘、散热盘接触良好，但注意不宜过紧或过松。

(2) 按照图 18-2 所示，插好加热盘的电源插头；再将温度传感器插在加热盘和散热盘小孔中，要求传感器完全插入小孔中，并在传感器上抹一些硅油或者导热硅脂，以确保传感器与加热盘和散热盘接触良好。在安放加热盘和散热盘时，还应注意使放置传感器的小孔上下对准。

(三) 加热及温度控制

(1) 接上导热系数测定仪的电源，开启电源后，将加热盘的温度设定为 60～100℃。设置完成按“确定”键，加热盘即开始加热。

(2) 加热盘的温度上升到设定温度值时，开始记录散热盘的温度，可每隔 1 min 记录 1 次，待在 10 min 或更长的时间内加热盘和散热盘的温度值基本不变后，可以认为已经达到稳定状态。

(四) 测定散热盘散热速率

停止加热，取走样品，调节三个螺丝使加热盘和散热盘接触良好，使散热盘温度上升到高于稳态时 T_2 5℃左右即可。移去加热盘，让散热圆盘在风扇作用下冷却，每隔 10 s(或者 30 s)记录一次散热盘的温度示值，一直记录到低于 T_2 5℃左右。由临近 T_2值的温度数据中计算冷却速率；也可以根据记录数据作冷却曲线，用镜尺法作曲线在 T_2点的切线，根据切线斜率计算冷却速率。

(五) 计算导热系数

根据测量得到的稳态时的温度 T_1和 T_2的值，以及温度在 T_2时的冷却速率，由式(18-6)计算试样的导热系数。

(六) 重复实验

(1) 改变加热盘温度设置值，重复上述步骤，测定试样在不同温度下的导热系数。

(2) 更换待测试样，重复上述步骤，测定不同试样的导热系数。

五、实验注意事项

(1) 样品与加热盘、散热盘紧密接触，注意中间不要有空隙；也不要将螺丝旋得太紧，那样会影响样品的厚度。

(2) 加热盘和散热盘两个传感器要一一对应，不可互换。

(3) 实验应在室内温度基本稳定以及无风的条件下进行。

(4) 导热系数测定仪铜盘下方的风扇做强迫对流换热用，减小样品侧面与底面的放热比，增加样品内部的温度梯度，从而减小实验误差，因此实验过程中风扇一定要打开。

(5) 加热盘和散热盘温度降至室温后再关闭仪器。

六、实验报告

(一) 数据记录

1. 散热盘

散热盘比热容 c=________J/(kg·K)；

散热盘质量 m=________ g；

散热盘厚度 $h_2=$______mm(由表 18-1 中数据取平均值)；

表 18-1　散热盘厚度(不同位置测量)

h_2/mm				

散热盘半径 $R_2=$______mm(由表 18-2 中数据取平均值再除以 2)。

表 18-2　散热盘直径(不同位置测量)

D_2/mm				

2. 待测试样

待测试样厚度 $h_1=$________mm(由表 18-3 中数据取平均值)；

表 18-3　待测试样厚度(不同位置测量)

h_1/mm				

待测试样半径 $R_1=$______mm(由表 18-4 中数据取平均值再除以 2)。

表 18-4　待测试样直径(不同位置测量)

D_1/mm				

稳态时，试样上、下表面温度 $T_1=$________℃，$T_2=$ ________℃。

3. 散热盘的散热速率

每隔 10 s 记录一次散热盘冷却时的温度示值，将数据填入表 18-5 中。

表 18-5　散热盘冷却时的温度

t/s	0	10	20	30	…
T/℃					

以时间 t 为横坐标、温度 T 为纵坐标，作冷却曲线。

取邻近 T_2 温度的测量数据，或冷却曲线上邻近 T_2 点的斜率，求出散热速率：

$$\left.\frac{\Delta T}{\Delta t}\right|_{T=T_2}=\_\_\_\_\_\_\_\_\_\_ ℃/\mathrm{s}$$

(二) 计算导热系数

将测量数据代入式(18-6)，可计算得到试样的导热系数：

$$\lambda=mc\left.\frac{\Delta T}{\Delta t}\right|_{T=T_2}\left(\frac{R_2+2h_2}{2R_2+2h_2}\right)\left(\frac{h_1}{T_1-T_2}\right)\left(\frac{1}{\pi R_1^2}\right)=\_\_\_\_\_\_\_\_\_\_ \mathrm{W/(m\cdot K)}$$

七、思考题

(1) 应用稳态法是否可以测量良导体的导热系数？如可以，对实验样品有什么要求？实验方法与测不良导体有什么区别？

(2) 测定散热盘散热速率时，为什么要在稳态温度 T_2附近测量数据？

(3) 试样的导热系数大小和温度有什么关系？

实验19　陶瓷材料热稳定性的测定

一、实验目的和要求

(1) 了解测定陶瓷热稳定性(抗热冲击性)的实际意义。

(2) 了解影响陶瓷热稳定性(抗热冲击性)的因素及提高热稳定性的措施。

(3) 掌握陶瓷热稳定性(抗热冲击性)的测定原理及测定方法。

二、实验原理

(一) 热稳定性

通常固态物体受热膨胀,受冷收缩。当规则形状的物体受到外界温度迅速加热时,外表的温度比中心部分的高,从中心到外表有一个温度梯度,由此出现暂态应力。此时,由于外表比中心膨胀得快,外表受到的是压应力,而中心受到的是拉应力;反之,从某一温度迅速冷却时,则外表受到拉应力而中心受到压应力。由于脆性材料的抗拉伸强度低,当拉应力超过材料的拉伸强度极限时,就引起破坏。

热稳定性是指材料承受温度的急剧变化而不致破坏的能力,也称为抗热冲击性。热稳定性分为两类,一类是抗热冲击断裂性,一般针对脆性和低延展性材料,如陶瓷;另一类是抗热冲击损伤性,主要针对高延展性材料。

(二) 陶瓷的热稳定性

陶瓷的热稳定性就是陶瓷样品耐受急剧温度变化的能力,一般以承受的温度差来表示,因此热稳定性又称冷热急变性。

陶瓷的热稳定性取决于坯釉料配方的化学成分、矿物组成、相组成、显微结构、坯釉料制备方法、成型条件及烧成制度等工艺因素以及外界环境。由于瓷质内外层受热不均匀,坯料与釉料的热膨胀系数差异而引起瓷质内部产生应力,导致机械强度降低,甚至发生开裂现象。一般陶瓷的热稳定性与抗张强度成正比,而弹性系数、比热容、密度也在不同程度上影响热稳定性。

釉的热稳定性在较大程度上取决于釉的热膨胀系数,要提高瓷器的热稳定性首先要提高釉的热稳定性。瓷胎的热稳定性则取决于玻璃相、莫来石、石英及气孔的相对含量、粒径大小及其分布状况等。陶瓷制品的热稳定性在很大程度上取决于坯釉的适应性,所以热稳定性也是带釉陶瓷抗后期龟裂性的一种反映。

(三) 陶瓷热稳定性测试原理

陶瓷热稳定性测定方法一般是把试样加热到一定的温度,接着放入适当温度的水中,判定方法如下:

(1) 根据试样出现裂纹或损坏到一定程度时所经受的热变换次数。

(2) 经过一定次数的热冷变换后机械强度降低的程度来判定其热稳定性。

(3) 用试样出现裂纹时经受的热冷最大温差来表示试样的热稳定性,温差愈大,热稳定性愈好。

三、实验设备和材料

(一) 实验设备

陶瓷的热稳定性测定仪(图 19-1),烘箱,铁夹子,搪瓷盘。

陶瓷的热稳定性测定仪的主要技术参数如下:

(1) 炉体最高温度:400℃;

(2) 均温区大小及温差:350 mm×350 mm×350 mm,±5℃;

(3) 水槽控温范围:10～50℃;

(4) 加热最大功率:6 kW;

(5) 定时器范围:0～120 min;

(6) 炉温控制及指示由 XMT—102 仪表完成;

(7) 水温指示及控制由 XMT—122 仪表完成。

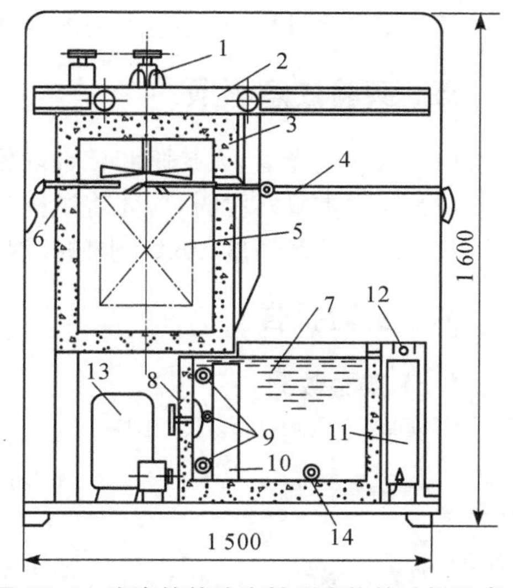

图 19-1　陶瓷的热稳定性测定仪的结构示意图

1—搅拌风扇;2—炉门小车;3—加热炉;4—拉料挂料杆;5—料筐;6—热电偶;7—恒温水槽;8—搅拌水轮;9—水温传感器;10—换热器;11—换热器;12—淋水管;13—压气机;14—水温传感器

(二) 实验材料

测试样品若干,品红,酒精溶液,墨水。

四、实验内容和步骤

(1) 将若干合格的试样放入样品筐内,并置于炉膛中。连接好电源线、热电阻和接地线、进水管、出水管及循环水管。

(2) 给恒温水槽中注入水。

(3) 打开电源开关,指示灯亮,将炉温给定值及水温给定值调至需要位置(在水温控制中,下限控制压缩机,上限控制加热器,上限设定温度≤下限设定温度)。

(4) 打开搅拌开关,指示灯亮,搅拌机工作。

(5) 根据需要选择"单冷""单热"或"冷热"。

① "单冷"即仪器只启动制冷设备,超过给定温度时,自动制冷至给定温度后自动停止。

② "单热"即仪器只启动加热设备,低于给定温度时自动加热至给定温度后自动停止。

③ "冷热"即当水温超过给定温度时,仪器自动制冷;当水温低于给定温度时,仪器自动加热,保证水温在所需温度处。

(6) 接好线路并检查一遍,接通电源以 2℃/min 的速度升温。

(7) 当温度达到测量温度时,保温 15 min(使试样内外温度一致)后,拨动手柄,使样品筐迅速坠入冰水中,冷却 5 min。如没有冰水,试样坠入冷水中。每坠入一次试样,就要更换一次水,目的是使水温保持不变。

(8) 从水中取出试样,擦干净,将不上釉和上白釉的试样放在品红酒精溶液中,检查裂纹。将上棕色釉的试样放在薄薄一层氧化铝细粉的盘内,来回滚动几次或手拿着试样在氧化铝粉上擦几次,检查是否开裂(如开裂,表面有一条白色裂纹),并详细记录。将没有开裂的试样放入炉内,加热到下次规定的温度(每次间隔 20℃),重复实验至 10 个试样全部开裂为止。记录水煮的次数,以作为衡量瓷器热稳定性的数据。热交换次数越多,说明该瓷器的热稳定性越好。

(9) 在实验过程中，注意室内温度和水温的变化，做好记录。

五、实验注意事项

(1) 试样应光滑，无缺陷和堆釉现象。
(2) 每次重复实验时，应先将试样表面的杂质清洗干净。
(3) 炉温控制精度±5℃，水槽控温精度±2℃，应严格掌握。

六、实验报告

(一) 实验数据

将实验结果填入表19-1中。

表19-1 热稳定性测试记录

编号	测定次数	测定时		试样开裂温度 B/℃	试样开裂个数 G	平均开裂温度/℃	开裂温差 $C=B-A$/℃	平均开裂温差/℃	开裂温度范围/℃
		室温/℃	水温 A/℃						
1									
2									
…									
n									

(二) 计算

平均开裂温度计算公式如下：

$$T=\frac{C_1G_1+C_2G_2+\cdots}{y} \tag{19-1}$$

式中 T——平均开裂温度；
C_1，C_2，…——试样开裂温度差；
G_1，G_2，…——在该温度差下试样开裂的个数；
y——每组试样的个数。

七、思考题

(1) 陶瓷的热稳定性在使用上有何实际意义？
(2) 影响陶瓷热稳定性的因素及预防措施有哪些？
(3) 陶瓷热稳定性的测定原理是什么？

实验 20　半导体材料吸收光谱测试分析

一、实验目的

(1) 了解半导体光吸收的基本知识。

(2) 掌握紫外分光光度计的工作原理和使用方法。

(3) 掌握用紫外分光光度计测量试样的吸收光谱的方法。

(4) 能根据吸收光谱推算出材料的光学禁带。

二、实验原理

(一) 半导体的禁带宽度

半导体中的电子既不同于真空中的自由电子，也不同于孤立原子中的电子。真空中的自由电子具有连续的能量状态，即可取任意大小的能量；而原子中的电子是处于所谓分离的能级状态。半导体中的电子是处于所谓能带状态，能带是由许多能级组成的，能带与能带之间隔离着禁带，电子就分布在能带中的能级上，禁带是能带结构中能态密度为零的能量区间。半导体最高能量的、也是最重要的能带就是价带和导带。导带底与价带顶之间的能量差就称为禁带宽度 E_g(或者称为带隙、能隙)。

禁带宽度是半导体的一个重要特征参数，用于表征半导体材料的物理特性。其含义有如下四个方面：

(1) 半导体中不存在具有禁带宽度范围内这些能量的电子，即禁带中没有半导体电子的能级，这是量子效应的结果。注意：虽然禁带中没有半导体本征电子的能级，但是可以存在其他电子的能级，例如杂质和缺陷上电子的能级。

(2) 禁带宽度表示价键束缚的强弱：半导体价带中的大量电子都是原子价键上的电子(称为价电子)，不能够导电；对于满带，其中填满了价电子，即其中的电子都是受到价键束缚的价电子，不是载流子。只有当价电子跃迁到导带(即本征激发)而产生出自由电子和自由空穴后，才能够导电。因此，禁带宽度实际上是反映价电子被束缚的强弱程度或者价键强弱的一个物理量，也就是产生本征(热)激发所需要的平均能量。

(3) 禁带宽度表示电子与空穴的势能差：导带底是导带中电子的最低能量，故可以看成是电子的势能；价带顶是价带中空穴的最低能量，故可以看成是空穴的势能；离开导带底和离开价带顶的能量就分别为电子和空穴的动能。

(4) 价电子由价带跃迁到导带的概率与禁带宽度 E_g 和温度 T 有指数关系，即等于 $\exp(-E_g/kT)$。因此当温度很高时，即使是绝缘体，也可以发生本征激发，即可以产生出一定数量的本征载流子，从而能够导电。这就意味着，绝缘体与半导体的导电性在本质上是相同的，差别仅在于禁带宽度不同；绝缘体在足够高的温度下，也可以认为是半导体。实际上这是很自然的，因为绝缘体与半导体的能带结构具有很大的共同点——存在禁带，只是宽度有所不同而已。

(二) 光吸收定律

光吸收定律如图 20-1 所示。

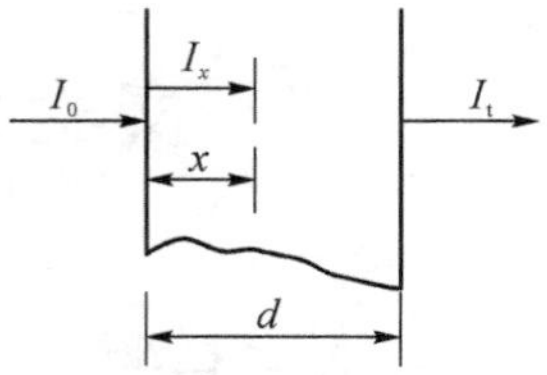

单色光垂直入射到材料表面时,进入到材料内的光强遵循光吸收定律:

$$I_x = I_0 e^{-\alpha x} \qquad (20-1)$$
$$I_t = I_0 e^{-\alpha d}$$

图 20-1　光吸收定律示意图

式中　I_0——入射光强;

I_x——透过厚度 x 后的光强;

I_t——透过材料的光强;

α——材料吸收系数,与材料、入射光波长等因素有关。

透射率 τ 为

$$\tau = \frac{I_t}{I_0} = e^{-\alpha d} \qquad (20-2)$$

则

$$\ln(1/\tau) = \ln e^{\alpha d} = \alpha d$$

即材料对不同波长 λ_i 单色光的吸收系数为

$$\alpha_i = \frac{\ln(1/\tau_i)}{d} \qquad (20-3)$$

(三) 半导体的光吸收

本征激发除了热激发的形式以外还有光激发和电激发。如果是光照使得价电子获得足够的能量、挣脱共价键而成为自由电子,这是光学本征激发,这种本征激发所需要的平均能量要略大于热学本征激发的平均能量——禁带宽度。如果是电场加速作用使得价电子受到高能量电子的碰撞、发生电离而成为自由电子,这是碰撞电离本征激发,这种本征激发所需要的平均能量大约为禁带宽度的 1.5 倍。

半导体材料通常能强烈地吸收光能,即具有较大的光吸收系数。经大量实验证明,价带中电子吸收光能产生跃迁是半导体材料研究中最重要的光吸收过程,称为本征吸收。要产生本征吸收,光子的能量必须等于或大于禁带宽度,即

$$h\nu \geqslant h\nu_0 = E_g \qquad (20-4)$$

$h\nu_0$ 是能够引起本征吸收的最低限度光子能量。亦即,对应本征吸收光谱,在低频方面必然存在一个频率界限 ν_0。当频率低于 ν_0 时,不能产生本征吸收,因此该频率称为半导体的本征吸收限,简称吸收边。根据式(20-4)可以估算出半导体材料的本征吸收波长限为

$$\lambda_0 = \frac{1.24}{E_g} \qquad (20-5)$$

由式(20-5)可以看出,根据半导体材料的禁带宽度,可以计算出相应的本征吸收波长;反之亦然。

(四) 分光光度法

本实验采用分光光度法测量半导体吸收光谱,并计算半导体的禁带宽度。

分光光度法是通过测定被测物质在特定波长处或一定波长范围内光的吸光度或发光强度，对该物质进行定性和定量分析的方法。它是利用物质的分子或离子对某一波长范围的光的吸收作用，对物质进行定性分析、定量分析及结构分析，所依据的光谱是分子或离子吸收入射光中特定波长的光而产生的吸收光谱。按所吸收光的波长区域不同，分为紫外分光光度法和可见分光光度法，合称为紫外-可见分光光度法。

实验中采用连续光进行照射半导体材料，并通过分光光度计与电脑连接，以波长为横坐标、以吸收度为纵坐标绘制吸收光谱图。

由于原子核外电子轨道量子化，轨道间有能量差，核外电子由内层轨道向外层跃迁需要能量，而且当所提供的能量小于轨道间的能量差时，电子不能吸收能量，即不会吸收能量低于轨道间能量差的光子，但当光子的能量大于轨道间的能量差的时候便会被电子吸收而发生跃迁现象。此时，在软件的图谱上会发现吸收度曲线上升，则开始上升的位置所对应的波长 λ_0 的光子所具有的能量即为此半导体材料的禁带宽度 E_g。

1. 吸收光谱的测量

以不同波长 λ_i 单色光入射半导体材料上（厚度 d 为 593 nm），测量透射率 T_i，由式(20-3)计算吸收系数 α_i；由 $E_i = h\nu = hc/\lambda_i$ 计算光子能量 E_i。其中，ν 是频率，c 是光速（$c = 3.0\times10^{17}$ nm/s），λ_i 是波长(nm)，h 是普朗克常数，且 $h = 4.136\times10^{-15}$ eV·s。

然后以吸收系数 α 对光子能量 E 作图，得到如图 20-2 所示的吸收光谱图。

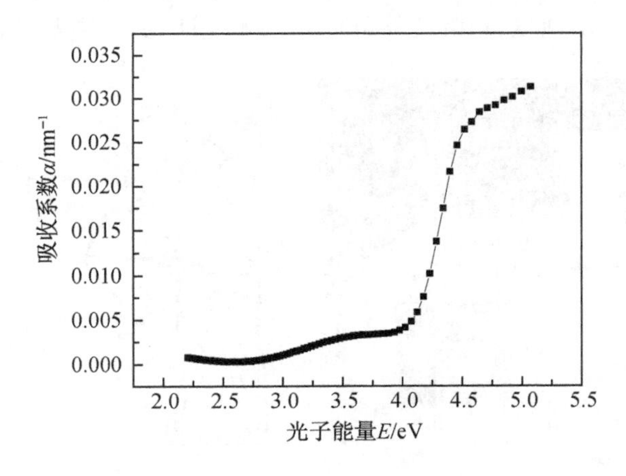

图 20-2　ZnO 半导体的吸收光谱

2. 半导体材料禁带宽度的测量

根据半导体带间光跃迁的基本理论，在半导体本征吸收带内，吸收系数 α 与光子能量 $h\nu$ 又有如下关系：

$$(\alpha h\nu)^2 = A^2(h\nu - E_g) \tag{20-6}$$

式中　$h\nu$——光子能量；

E_g——带隙宽度；

A——常数。

由式(20-6)，可以用 $(\alpha h\nu)^2$ 对光子能量 $h\nu$ 作图，如图 20-3 所示。

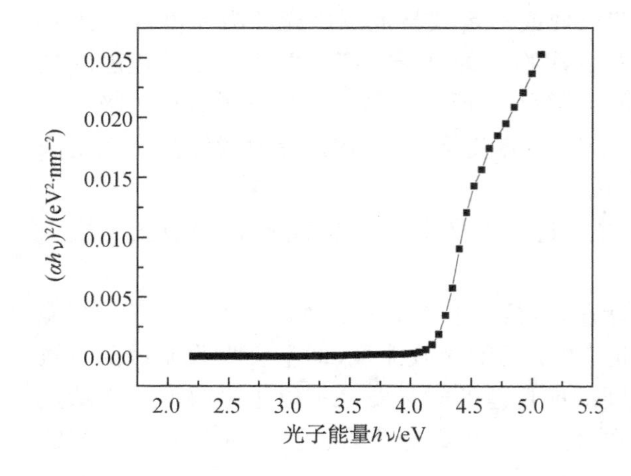

图 20-3　ZnO 半导体吸收的光子能量

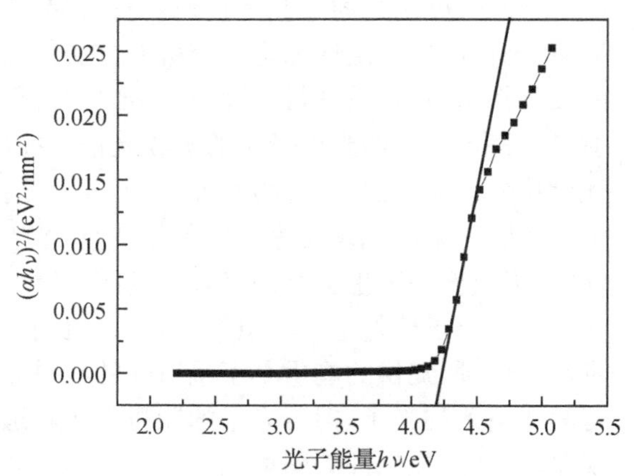

图 20-4　ZnO 半导体的禁带宽度

然后在吸收边处选择线性最好的几点作线形拟合，将线性区外推到横轴上的截距就是禁带宽度 E_g，即纵轴$(\alpha h\nu)^2$为 0 时的横轴值 $h\nu$，如图 20-4 所示。

三、实验仪器及材料

（1）实验仪器：UV762 型双光束紫外可见分光光度计，其外观及结构如图 20-5 所示。

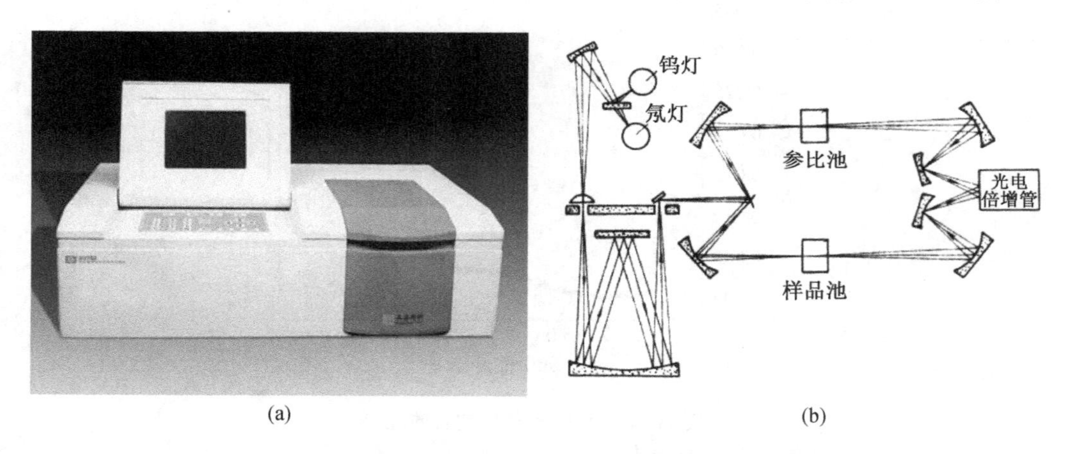

图 20-5　UV762 型双光束紫外可见分光光度计的外观及其结构示意图

(a) 外观；(b) 结构示意图

该仪器由光源、单色器、吸收池、检测器、显示记录系统等构成。

a. 光源：钨灯或卤钨灯——可见光源，350～1 000 nm；氢灯或氘灯——紫外光源，200～360 nm。

b. 单色器：包括狭缝、准直镜、色散元件；

色散元件：棱镜——对不同波长的光折射率不同，分出光波长不等距；

　　　　　光栅——衍射和干涉分出光波长等距。

c. 吸收池：玻璃——能吸收 UV 光，仅适用于可见光区；石英——不能吸收紫外光，适用

于紫外和可见光区。要求：匹配性(对光的吸收和反射应一致)。

d. 检测器：将光信号转变为电信号的装置。如光电池、光电管(红敏和蓝敏)、光电倍增管、二极管阵列检测器。

(2) 实验材料：ZnO 和 TiO_2 薄膜样品。

四、实验内容和步骤

(一) 实验内容

通过分光光度计测量半导体的吸收光谱，用作图软件对光谱数据进行处理，然后计算得到半导体的禁带宽度。

(二) 实验步骤

(1) 准备参比试样和待测试样。

(2) 打开紫外可见分光光度计，并等待其稳定。

(3) 试样置于光路中，并进行设置，例如：

测量模式：T

扫描范围：370～410 nm

记录范围：0.000%～120%

扫描速度：中

采样间隔：0.1 s

扫描次数：1

显示模式：连续

(4) 按"Start"键，开始扫描。显示图谱后按"F3"存储图谱并命名。

五、实验报告

(1) 记录扫描数据。在主菜单中选择"数据处理"，按"F2"调用刚刚存储的图谱，用"多点采集"采集 370～410 nm 内每隔 2 nm 的透射率 T 数据(即 372 nm，374 nm，376 nm，…，408 nm，410 nm)，记录之。

(2) 根据公式 $\alpha_i = \dfrac{\ln(1/T_i)}{d}$ 和 $E_i = h\nu = hc/\lambda_i$ 计算 α，$h\nu$ 和 $(\alpha h\nu)^2$，用 $(\alpha h\nu)^2$ 对光子能量 $h\nu$ 作图(用 Origin 作图)。然后在吸收边处选择线性最好的几点作线形拟合，将线性区外推到横轴上的截距就是禁带宽度 E_g，即纵轴 Y 为 0 时的横轴值 X。

六、思考题

(1) 改变半导体材料的厚度，吸收光谱会有变化吗？为什么？

(2) 简述分光光度法测量半导体材料吸收光谱、禁带宽度的原理。

实验 21　光电效应和普朗克常数的测定

一、实验目的

(1) 定性分析光电效应规律，通过光电效应实验进一步理解光的量子性。
(2) 学习验证爱因斯坦光电方程的实验方法，并测定普朗克常数 h。
(3) 进一步练习利用线性回归和作图法处理实验数据。

二、实验原理

光电效应是指一定频率的光照射在金属表面时会有电子从金属表面逸出的现象。1887年，物理学家赫兹用实验验证电磁波的存在时发现了这一现象，但是这一实验现象无法用当时人们所熟知的电磁波理论加以解释。

1905 年，爱因斯坦大胆地把普朗克在进行黑体辐射研究过程中提出的辐射能量不连续观点应用于光辐射，提出“光量子”的概念，从而成功地解释了光电效应现象。1916 年，密立根通过光电效应对普朗克常数的精确测量，证实了爱因斯坦方程的正确性，并精确地测出了普朗克常数。爱因斯坦与密立根都因光电效应等方面的杰出贡献，分别于 1921 年和 1923 年获得了诺贝尔奖。

光电效应实验对于认识光的本质及早期量子理论的发展，具有里程碑式的意义。随着科学技术的发展，光电效应已广泛用于工农业生产、国防和许多科技领域。利用光电效应制成的光电器件，如光电管、光电池、光电倍增管等，已成为生产和科研中不可缺少的器件。

光电效应的实验原理如图 21-1 所示。入射光照射到光电管阴极 K 上，产生的光电子在电场的作用下向阳极 A 迁移构成光电流，改变外加电压 U_{AK}，测量出光电流 I 的大小，即可得出光电管的伏安特性曲线。

光电效应的基本实验事实如下：

(1) 对于某一频率，光电效应的 $I-U_{AK}$ 关系如图 21-2 所示。从图中可见，对一定的频率，有一电压 U_0，当 $U_{AK} \leqslant U_0$ 时，电流为零，这个相对于阴极的负值的阳极电压 U_0 被称为截止电压。

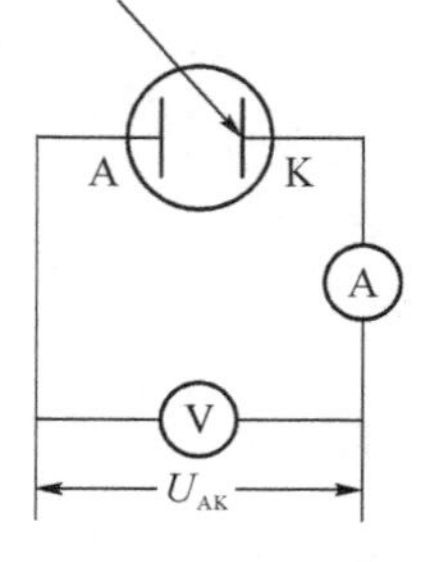

图 21-1　光电效应的实验原理图

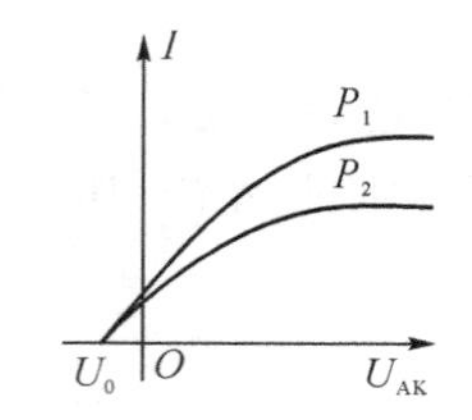

图 21-2　同一频率、不同光强时光电管的伏安特性曲线

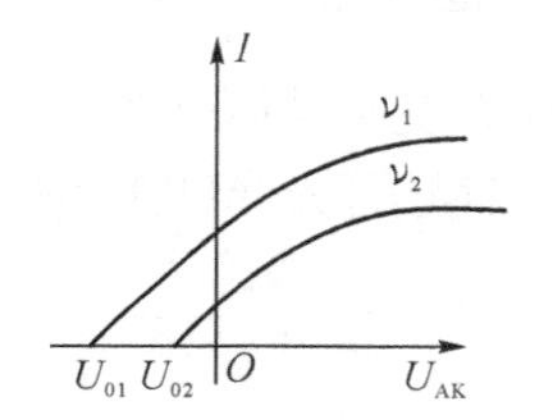

图 21-3　不同频率时光电管的伏安特性曲线

(2) 在 $U_{AK} \geqslant U_0$ 后，I 迅速增加，然后趋于饱和，饱和光电流 I_m 的大小与入射光的强度 P 成正比。

(3) 对于不同频率的光，其截止电压的值不同，如图 21-3 所示。

(4) 截止电压 U_0 与频率 ν 的关系如图 21-4 所示，U_0 与 ν 成正比。当入射光频率低于某极限值 ν_0（ν_0 随不同金属而异）时，不论光的强度如何，照射时间多长，都没有光电流产生。

(5) 光电效应是瞬时效应。即使入射光的强度非常微弱，只要频率大于 ν_0，在开始照射后立即有光电子产生，所经过的时间至多为 10^{-9} s 的数量级。

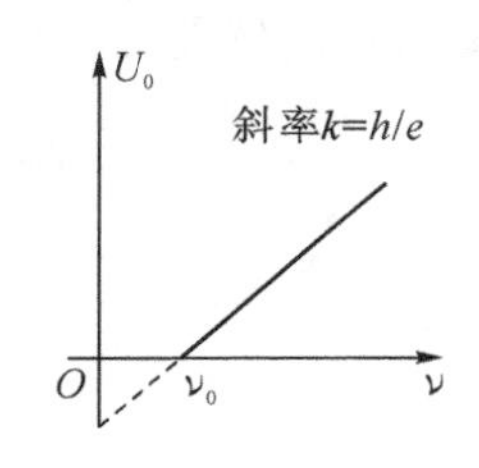

图 21-4　截止电压 U 与入射光频率 ν 的关系图

按照爱因斯坦的光量子理论，光能并不像电磁波理论所想象的那样，分布在波阵面上，而是集中在被称为光子的微粒上，但这种微粒仍然保持着频率（或波长）的概念，频率为 ν 的光子具有能量 $E = h\nu$，h 为普朗克常数。当光子照射到金属表面上时，它的能量可以被金属中的电子全部吸收，而不需要积累能量的时间。电子把这些能量的一部分用来克服金属表面对它的吸引力，余下的就变为电子离开金属表面后的动能，按照能量守恒原理，爱因斯坦提出了著名的光电效应方程：

$$h\nu = \frac{1}{2}mv_0^2 + A \tag{21-1}$$

式中　A——金属的逸出功；

$\frac{1}{2}mv_0^2$——光电子获得的初始动能。

由式(21-1)可见，入射到金属表面的光频率越高，逸出的电子动能越大，所以即使阳极电位比阴极电位低也会有电子落入阳极形成光电流，直至阳极电位低于截止电压，光电流才为零，此时有关系：

$$eU_0 = \frac{1}{2}mv_0^2 \tag{21-2}$$

阳极电位高于截止电压后，随着阳极电位的升高，阳极对阴极发射的电子的收集作用越强，光电流随之上升；当阳极电压高到一定程度时，已把阴极发射的光电子几乎全收集到阳极，再增加 U_{AK}，I 不再变化，光电流出现饱和，饱和光电流 I_m 的大小与入射光的强度 P 成正比。

光子的能量 $h\nu_0 < A$ 时，电子不能脱离金属，因而没有光电流产生。产生光电效应的最低频率（截止频率）是 $\nu_0 = A/h$。

将式(21-2)代入式(21-1)可得

$$eU_0 = h\nu - A \tag{21-3}$$

式(21-3)表明截止电压 U_0 是频率 ν 的线性函数，直线斜率 $k = h/e$，只要用实验方法得出不同的频率对应的截止电压，求出直线斜率，就可算出普朗克常数 h。

爱因斯坦的光量子理论成功地解释了光电效应规律。

三、实验仪器

光电效应实验仪 ZKY—GD—4 由光电检测装置和实验仪主机两部分组成。光电检测装置包括光电管暗盒、高压汞灯灯箱、高压汞灯电源和实验基准平台。实验主机为 GD—4 型光电效应(普朗克常数)实验仪，该实验仪是由微电流放大器和扫描电压源发生器两部分组成的整体仪器。仪器结构如图 21-5 所示。

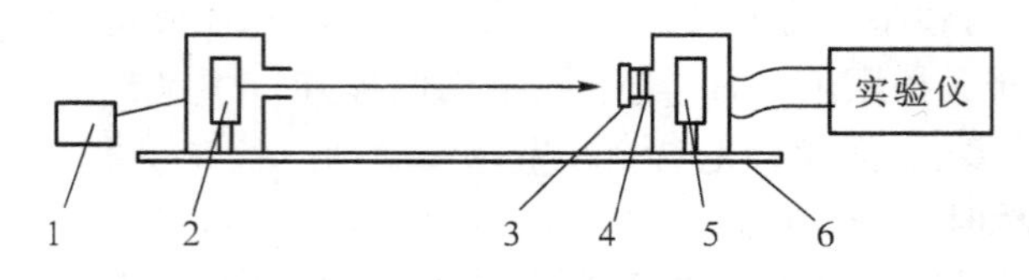

图 21-5　仪器结构图

1—汞灯电源；2—汞灯；3—滤色片；4—光阑；5—光电管；6—基座

实验仪有手动和自动两种工作模式，具有数据自动采集、存储、实时显示采集数据、动态显示采集曲线(连接普通示波器、可同时显示 5 个存储区中存储的曲线)及采集完成后查询数据的功能。

四、实验内容

(一) 测试前准备

将实验仪及汞灯电源接通(汞灯及光电管暗盒遮光盖盖上)，预热 20 min。调整光电管与汞灯距离约为 40 cm 并保持不变。用专用连接线将光电管暗箱电压输入端与实验仪电压输出端(后面板上)连接起来(红—红，蓝—蓝)。务必反复检查，切勿连错！

将“电流量程”选择开关置于所选挡位，进行测试前调零。调零时应将光电管暗盒电流输出端 K 与实验仪微电流输入端(后面板上)断开，且必须断开连线的实验仪一端。旋转“调零”旋钮使电流指示为 000.0。调节好后，用高频匹配电缆将电流输入连接起来，按“调零确认/系统清零”键，系统进入测试状态。

若要动态显示采集曲线，需将实验仪的“信号输出”端口接至示波器的“Y”输入端，“同步输出”端口接至示波器的“外触发”输入端。示波器“触发源”开关拨至“外”，“Y 衰减”旋钮拨至约“1 V/格”，“扫描时间”旋钮拨至约“20 μs/格”。此时示波器将用轮流扫描的方式显示 5 个存储区中存储的曲线，横轴代表电压 U_{AK}，纵轴代表电流 I。

注意：实验过程中，仪器暂不使用时，均须将汞灯和光电暗箱用遮光盖盖上，使光电暗箱处于完全闭光状态。切忌汞灯直接照射光电管。

(二) 测普朗克常数 h

测量截止电压时，“伏安特性测试/截止电压测试”状态键应为截止电压测试状态，“电流量程”开关应处于 10^{-13} A 挡。

1. 手动测量

使“手动/自动”模式键处于手动模式。将直径 4 mm 的光阑及 365.0 nm 的滤色片装在光电管暗盒光输入口上，打开汞灯遮光盖。此时电压表显示 U_{AK} 的值，单位为 V；电流表显示与 U_{AK} 对应的电流值 I，单位为所选择的“电流量程”。用电压调节键“→”“←”“↑”“↓”可调节 U_{AK} 的值，“→”“←”键用于选择调节位，“↑”“↓”键用于调节值的大小。

从低到高调节电压(绝对值减小)，观察电流值的变化，寻找电流为零时对应的 U_{AK}，以其绝对值作为该波长对应的 U_0 的值，并记录数据。为尽快找到 U_0 的值，调节时应从高位到低位，先确定高位的值，再顺次往低位调节。

依次换上 365.0 nm，435.8 nm，546.1 nm，404.7 nm 的滤色片，重复以上测量步骤。

注意：(1) 先安装光阑及滤光片后打开汞灯遮光盖；(2) 更换滤光片时需盖上汞灯遮光盖。

2. 自动测量

将“手动/自动”模式键切换到自动模式。此时电流表左边的指示灯闪烁，表示系统处于自动测量扫描范围设置状态，用电压调节键可设置扫描起始和终止电压。(注：显区左边设置起始电压，右边设置终止电压。)

对各条谱线，建议扫描范围大致设置如表 21-1 所示。

表 21-1　扫描范围

波长/nm	365	405	436	546	577
电压范围/V	−1.90～−1.50	−1.60～−1.20	−1.35～−0.95	−0.80～−0.40	−0.65～−0.25

实验仪设有 5 个数据存储区，每个存储区可存储 500 组数据，由指示灯表示其状态。灯亮表示该存储区已存有数据，灯不亮为空存储区，灯闪烁表示系统预选的或正在存储数据的存储区。

设置好扫描起始和终止电压后，按动相应的存储区按键，仪器将先清除存储区原有数据，等待约 30 s，然后按 4 mV 的步长自动扫描，并显示、存储相应的电压、电流值。扫描完成后，仪器自动进入数据查询状态，此时查询指示灯亮，显示区显示扫描起始电压和相应的电流值。用电压调节键改变电压值，就可查阅到在测试过程中，扫描电压为当前显示值时相应的电流值。读取电流为零时对应的 U_{AK}，以其绝对值作为该波长对应的 U 的值，并将数据记于表 21-2 中。

表 21-2　U_0-ν 关系　　　　光阑孔 Φ=　　mm

波长 λ_i /nm		365.0	404.7	435.8	546.1	577.0
频率 $\upsilon_i \times 10^{14}$/Hz		8.214	7.408	6.879	5.490	5.196
截止电压 U_{0i}/V	手动					
	自动					

按“查询”键，查询指示灯灭，系统回复到扫描范围设置状态，可进行下一次测量。将仪器与示波器连接，可观察到 U_{AK} 为负值时各谱线在选定的扫描范围内的伏安特性曲线。

注意：在自动测量过程中或测量完成后，按“手动/自动”键，系统回复到手动测量模式，模式转换前工作的存储区内的数据将被清除。

(三) 测光电管的伏安特性曲线

将“伏安特性测试/截止电压测试” 状态键切换至伏安特性测试状态。“电流量程”开关应拨至 10^{-10} A 挡，并重新调零。将直径 4 mm 的光阑及所选谱线的滤色片装在光电管暗盒光输入口上。测伏安特性曲线可选用“手动/自动”两种模式之一，测量的最大范围为 −1～50 V。手动测量时每隔 5 V 记录一组数据，自动测量时步长为 1 V。记录所测 U_{AK} 及 I 的数据，列于表 21-3 中。

将仪器与示波器连接，此时：

(1) 可同时观察5条谱线在同一光阑、同一距离下伏安饱和特性曲线。

(2) 可同时观察某条谱线在不同距离(即不同光强)、同一光阑下的伏安饱和特性曲线。

(3) 可同时观察某条谱线在不同光阑(即不同光通量)、同一距离下的伏安饱和特性曲线。

表21-3 $I-U_{AK}$关系

U_{AK}/V									
$I\times10^{10}$/A									
U_{AK}/V									
$I\times10^{10}$/A									

当U_{AK}为50 V时,将仪器设置为手动模式,测量并记录对同一谱线、同一入射距离,光阑分别为2 mm, 4 mm, 8 mm时对应的电流值,列于表21-3中,可知光电管的饱和光电流与入射光强成正比。

五、注意事项

(1) 微电流测量仪和汞灯的预热时间必须长于20 min,连线时务必先接好地线,后接信号线。切勿让电压输出端A与地短路,以免损坏电源。微电流测量仪每改变一次量程,必须重新调零。

(2) 实验中,汞灯如果关闭,必须经过5 min后才可重新启动。

(3) 微电流测量仪与暗盒之间的距离在整个实验过程中应当一致。

(4) 注意保护滤光片,勿用手触摸其表面,防止污染。

(5) 每次更换滤光片时,必须遮挡住汞灯光源,避免强光直接照射阴极而缩短光电管寿命,实验完毕后用遮光罩盖住光电管暗盒进光窗。

六、思考题

(1) 光电管为什么要装在暗盒中?为什么在非测量时,用遮光罩罩住光电管窗口?

(2) 为什么在反向电压加到一定值后,光电流会出现负值?

(3) 如何消除暗电流和本底电流对截止电压的影响?

实验 22　硅太阳能电池光伏特性的测量

一、实验目的

(1) 在没有光照时，太阳能电池的主要结构为一个二极管，测量该二极管在正向偏压时的伏安特性曲线，并求得电压和电流关系的经验公式。

(2) 测量太阳能电池在光照时的输出伏安特性，作出伏安特性曲线图，从图中求得它的短路电流(I_{sc})、开路电压(U_{oc})、最大输出功率 P_m 及填充因子 $F_f[F_f = P_m/(I_{sc} \cdot U_{oc})]$。填充因子是代表太阳能电池性能优劣的一个重要参数。

(3) 测量太阳能电池的光照特性：测量短路电流 I_{sc} 和相对光强度 J/J_0 之间的关系，画出 I_{sc} 与相对光强 J/J_0 之间的关系图；测量开路电压 U_{oc} 和相对光强度 J/J_0 之间的关系，画出 U_{oc} 与相对光强 J/J_0 之间的关系图。

二、实验原理

太阳能电池，也称为光伏电池，是将太阳辐射能直接转换成电能的器件。由这种器件封装成太阳电池组件，再按需要将一块以上的组件组合成一定功率的太阳电池方阵，经与储能装置、测量控制装置及直流-交流变换装置等相配套，即构成太阳能电池发电系统，也称为光伏发电系统。它具有不消耗常规能源、无转动部件、寿命长、维护简单、使用方便、功率大小可任意组合、无噪声、无污染等优点。世界上第一块实用型半导体太阳能电池是美国贝尔实验室于1954 年研制成功的。经过人们 50 多年的努力，太阳能电池的研究、开发与产业化已取得巨大进步。目前，太阳能电池已成为空间卫星的基本电源和地面无电、少电地区及某些特殊领域(通信设备、气象站台、航标灯等)的重要电源。随着太阳能电池制造成本的不断降低，太阳能光伏发电将逐步地替代常规发电。近年来，在美国和日本等发达国家，太阳能光伏发电已进入城市电网。从地球上化石燃料资源的逐渐耗竭和大量使用化石燃料必将使人类生态环境污染日趋严重的战略观点出发，世界各国特别是发达国家对于太阳能光伏发电技术十分重视，将其摆在可再生能源开发利用的首位。因此，太阳能光伏发电有望成为 21 世纪的重要新能源。有专家预言，在 21 世纪中叶，太阳能光伏发电将占世界总发电量的 15%～20%，成为人类的基础能源之一，在世界能源构成中占有一定地位。

太阳能电池在没有光照时可被视为一个二极管，在没有光照时其正向偏压 U 与通过电流 I 的关系式如下：

$$I = I_0 \cdot (e^{\beta U} - 1) \qquad (22\text{-}1)$$

式中，I_0 和 β 是常数。

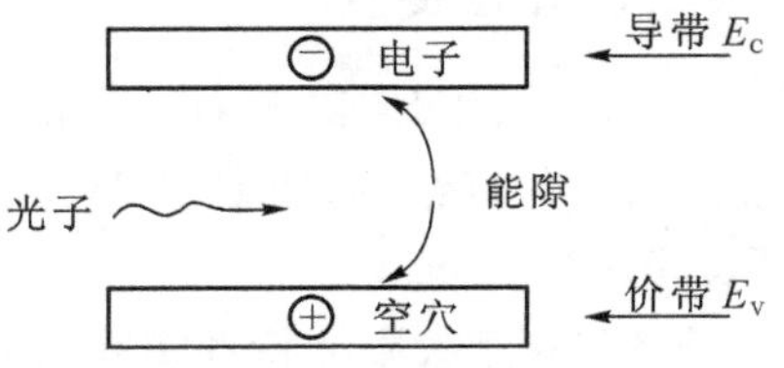

图 22-1　电子和空穴在电场的作用下产生光电流

由半导体理论，二极管主要是由能隙为 $E_C - E_V$ 的半导体构成的，如图 22-1 所示。E_C 为半导体导电带，E_V 为半导体价电带。当入射光子能量大于能隙时，光子会被半导体吸收，产生电子和空穴对。电子和空穴对会分别受到二极管内电场的影响而产生光电流。

假设太阳能电池的理论模型是由一个理想电流源（光照产生光电流的电流源）、一个理想二极管、一个并联电阻 R_{sh} 与一个电阻 R_s 所组成的，如图 22-2 所示。

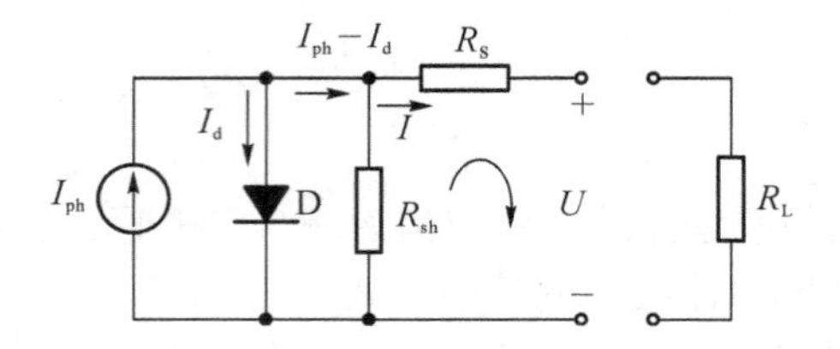

图 22-2　太阳能电池的理论模型电路图

如图 22-2 所示，I_{ph} 为太阳能电池在光照时的等效电源输出电流，I_d 为光照时通过太阳能电池内部二极管的电流。由基尔霍夫定律得

$$IR_s + U - (I_{ph} - I_d - I)R_{sh} = 0 \tag{22-2}$$

式中　I——太阳能电池的输出电流；

　　U——输出电压。

由式(22-2)可得

$$I\left(1 + \frac{R_s}{R_{sh}}\right) = I_{ph} - \frac{U}{R_{sh}} - I_d \tag{22-3}$$

假定 $R_{sh} = \infty$ 和 $R_s = 0$，太阳能电池可简化为如图 22-3 所示的电路。

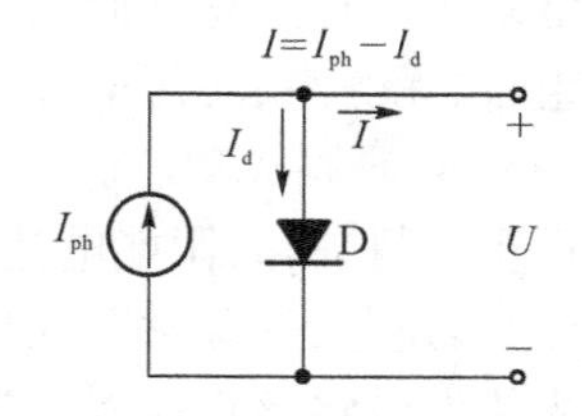

图 22-3　太阳能电池的简化电路图

这里，

$$I = I_{ph} - I_d = I_{ph} - I_0(e^{\beta U} - 1)$$

在短路时，$U = 0$，$I_{ph} = I_{sc}$；

而在开路时，$I = 0$，$I_{sc} - I_0(e^{\beta U_{oc}} - 1) = 0$；

所以

$$U_{oc} = \frac{1}{\beta}\ln\left[\frac{I_{sc}}{I_0} + 1\right] \tag{22-4}$$

式 22-4 就是在 $R_{sh} = \infty$ 和 $R_s = 0$ 的情况下，太阳能电池的开路电压 U_{oc} 和短路电流 I_{sc} 的关系式。其中 U_{oc} 为开路电压，I_{sc} 为短路电流，而 I_0，β 是常数。

三、实验装置

光具座及滑块座，具有引出接线的盒装太阳能电池，数字万用表 1 只，电阻箱 1 只，白炽灯光源 1 只（射灯结构，功率 40 W），光功率计（带 3 V 直流稳压电源），导线若干，遮光罩 1 个，单刀双掷开关 1 个。

FB 736 型太阳能特性实验仪如图 22-4 所示。

图 22-4　FB736 型太阳能特性实验仪实物照片及简要说明

1—白炽灯光源；2—光功率计探头；3—暗盒(内装太阳能电池)；4—光功率计数显窗口；
5—光功率计信号输入接口；6—直流稳压电源(3 V)输出插座；7—滑块；
8—光具座(导轨)；9—毫米刻度尺；10—光学支架

四、实验内容

(1) 在没有光源(全黑)的条件下,测量太阳能电池施加正向偏压时的 $I-U$ 特性,用实验测得的正向偏压时 $I-U$ 关系数据,画出 $I-U$ 曲线并求得常数 β 和 I_0 的值。

(2) 在不加偏压时,用白色光源照射,测量太阳能电池一些特性。注意此时光源到太阳能电池距离保持 20 cm。

a. 画出测量实验线路图。

b. 测量太阳能电池在不同负载电阻下,I 与 U 的变化关系,画出 $I-U$ 曲线图。

c. 用外推法求短路电流 I_{sc}和开路电压 U_{oc}。

d. 求太阳能电池的最大输出功率及最大输出功率时负载电阻。

e. 根据公式 $FF = P_m/(I_{sc} \cdot U_{oc})$ 计算填充因子。

(3) 测量太阳能电池的光照特性:在暗箱中(用遮光罩挡光),取离白炽灯光源 20 cm 水平距离光强作为标准光照强度,用光功率计测量该处的光照强度 J_0;改变太阳能电池到光源的距离 x,用光功率计测量 x 处的光照强度 J,求光强 J 与位置 x 的关系。测量太阳能电池接收到相对光强度 J/J_0 不同值时,相应的 I_{sc}和 U_{oc}的值。

a. 描绘 I_{sc}和相对光强度 J/J_0 之间的关系曲线,求 I_{sc}和相对光强 J/J_0 之间的近似函数关系。

b. 描绘出 U_{oc}和相对光强度 J/J_0 之间的关系曲线,求 U_{oc}与相对光强度 J/J_0 之间的近似函数关系。

五、实验数据记录

(1) 在全暗的情况下,测量太阳能电池正向偏压下流过太阳能电池的电流 I 和太阳能电池的输出电压 U。测量电路如图 22-5 所示,改变电阻箱的阻值,用万用表量出各种阻值下太阳能电池和电阻箱两端的电压,并算出电流,测量结果如表 22-1 所示。

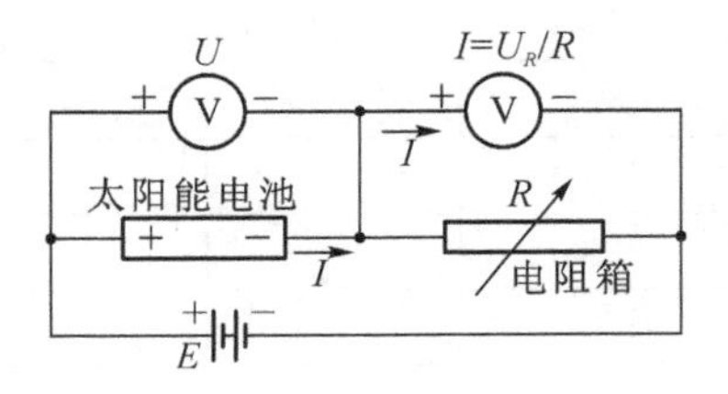

图 22-5　全暗时太阳能电池在外加偏压时的伏安特性测量电路一

表 22-1　全暗情况下太阳能电池在外加偏压时伏安特性数据记录表一

R/kΩ	U_1/V	U_2/mV	I/μA	ln$I$

若用户备有 0～3.0 V 直流可调电源，则可采用如图 22-6 所示的实验线路：正向偏压在 0～3.0 V 变化条件下，用 R = 1 000 Ω 固定电阻取代电阻箱（但电阻值必须准确，否则计算电流值时将有较大的误差），把测量结果记录到表 22-2 中。

表 22-2　全暗情况下太阳能电池在外加偏压时伏安特性数据记录表二

U_1/V									
U_2/mV									
I/μA									

图 22-6　全暗时太阳能电池在外加偏压时的伏安特性测量电路二

由 $\frac{I}{I_0} = e^{\beta U} - 1$，当 U 较大时，$e^{\beta U} >> 1$，即 $\ln I = \beta U + \ln I_0$，由最小二乘法，将表中最后几点数据处理，可求出 β，I_0 和相关系数 r 值 。

（2）不加偏压，在使用遮光罩条件下，保持白光源到太阳能电池距离 20 cm，测量太阳能电池的输出电流 I 对太阳能电池的输出电压 U 的关系。把测量结果记录到表 22-3 中。

表 22-3　恒定光照下太阳能电池在不加偏压时伏安特性数据记录

R/Ω	U_1/V	I/mA	P/mW	R/Ω	U_1/V	I/mA	P/mW
200				2 400			
300				2 600			
400				2 800			
600				3 000			
800				3 200			
1 000				3 400			
1 200				3 600			
1 400				3 800			
1 600				4 000			
1 800				4 200			
2 000				4 400			
2 200				4 600			

续表

R/Ω	U_1/V	I/mA	P/mW	R/Ω	U_1/V	I/mA	P/mW
4 800				10 000			
5 000				20 000			
5 500				30 000			
6 000				40 000			
6 500				50 000			
7 000				60 000			
7 500				70 000			
8 000				80 000			
8 500				90 000			
9 000							

(3) 测量太阳能电池 I_{sc}和 U_{oc}与相对光强 J/J_0 的关系，用光强计测定不同光源距离时的光强值。短路电流可以直接用万用表的直流电流挡量出，开路电压则直接用万用表的直流电压挡量出。把测量结果记录到表 22-4 中。

表 22-4　太阳能电池 I_{sc}和 U_{oc}与相对光强 J/J_0 的关系

光源距离 x/mm	J/mW	J/J_0	I_{sc}/mA	U_{oc}/V
15				
20				
23				
25				
27				
29				
30				
31				
32				
33				
34				
35				

六、思考题

(1) 填充因子可以描述太阳能电池哪方面的特性？

(2) 转换效率可以描述太阳能电池哪方面的特性？

(3) 由表 22-3 绘出 $P-R$ 特性曲线，并说明在一定的光照强度下，P 与 R 之间的关系。

(4) 由表 22-4 绘出伏安特性曲线说明负载电阻 R、端电压 U 及光的辐射强度之间的关系。

实验 23　荧光光谱的测定

一、实验目的

(1) 了解固体荧光产生的机理和一些相关概念。

(2) 学习荧光光谱仪的结构和工作原理。

(3) 掌握荧光光谱的测量方法。

(4) 初步了解荧光光谱在物质特性分析和实际中的应用。

二、实验原理

(一) 荧光的产生

发光物质因引起发光的原因不同可分为热致发光、光致发光、电场致发光、阴极射线发光、高能粒子发光及生物发光等多种发光方式。光致发光的原理是分子在吸收了光能后，从基能态跃迁到高能态，当它们再从高能态返回基能态时，以光能的形式向外释放之前吸收的外来能量，即光致发光所发生的光。荧光是光致发光现象中最常见的类型，如果停止照射，荧光就很快(10^{-6} s)消失。

荧光产生的过程(图 23-1)可分为以下步骤：

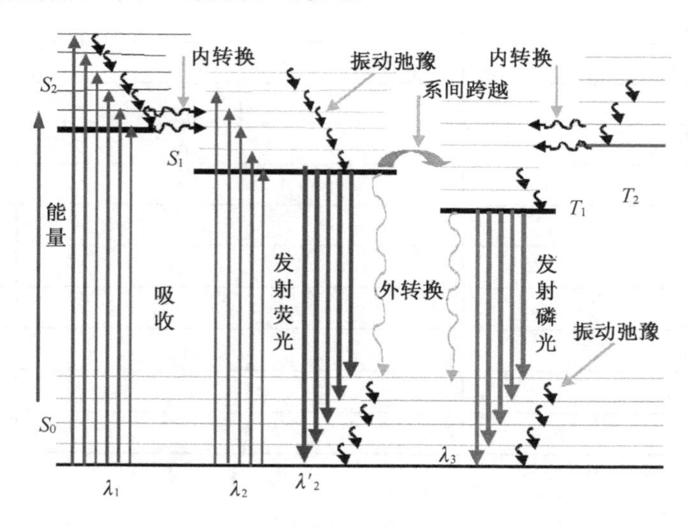

图 23-1　荧光产生的过程示意图

(1) 光吸收：荧光物质从基态跃迁到激发态。此时，荧光分子处于激发态。

(2) 内转换：处于电子激发态的分子由于内部的作用，以无辐射跃迁过渡到低的能级。

(3) 外转换：处于电子激发态的分子由于和溶剂及其他分子的作用，以及能量转移，过渡到低的能级。

(4) 荧光发射：如果不以内转换的方式回到基态，处于第一电子激发态最低振动能级的分子将以辐射的方式回到基态，平均寿命约为 10 ns。

(5) 系间转换：不同多重态，有重叠的转动能级间的非辐射跃迁。

(6) 振动弛豫：高振动能级至低相邻振动能级间的跃迁。

产生荧光的第一个必要条件是该物质的分子必须具有能吸收激发光的结构；第二个条件是该分子必须具有一定程度的荧光效率。所谓荧光效率是荧光物质吸光后所发射的荧光量子数与吸收的激发光的量子数的比值。

(二) 荧光光谱

荧光光谱包括激发谱和发射谱两种。

激发谱是荧光物质在不同波长的激发光作用下测得的某一波长处的荧光强度的变化情况，也就是不同波长的激发光的相对效率。

发射谱则是某一固定波长的激发光作用下荧光强度在不同波长处的分布情况，也就是荧光中不同波长的光成分的相对强度。

既然激发谱是表示某种荧光物质在不同波长的激发光作用下所测得的同一波长下荧光强度的变化，而荧光的产生又与吸收有关，因此激发谱和吸收谱极为相似。但是激发谱和吸收谱不同，后者只说明材料的吸收，至于吸收后是否发光，就不一定了，因此将激发谱与吸收谱进行比较，可以判断哪种吸收对发光有用。

荧光光谱具有以下特征：

(1) 产生 Stokes 位移，即激发谱与发射谱之间的波长差值。发射谱的波长比激发谱的长，振动弛豫消耗了能量。

(2) 发射谱的形状与激发波长无关。电子跃迁到不同激发态能级，吸收不同波长的能量，产生不同吸收带，但均回到第一激发单重态的最低振动能级再跃迁回到基态，产生波长一定的荧光。

(3) 存在荧光寿命和荧光量子效率。

去掉激发光以后，荧光强度并不是立即消失的，而是以指数形式衰减。定义荧光强度降低到激发状态最大荧光强度的 $1/e$ 所需要的时间称为荧光寿命。荧光寿命是个很重要的参数，可以不再对荧光的绝对强度进行测量。

通常，荧光量子效率和激发波长有关，但发出的荧光通常和激发波长无关。

(三) 荧光光谱的测定原理

测定发光材料的荧光光谱可以用荧光光谱仪和荧光分光光度计，两者结构基本相似。测定过程中，由光源发出的光经激发单色器让特征波长的激发光通过；特征波长的光照射到发光材料，被其吸收并产生荧光；产生的荧光经由发光单色器照射到检测器产生光电流，再经放大后由记录仪或显示装置记录其信号，经测试软件绘制荧光光谱。

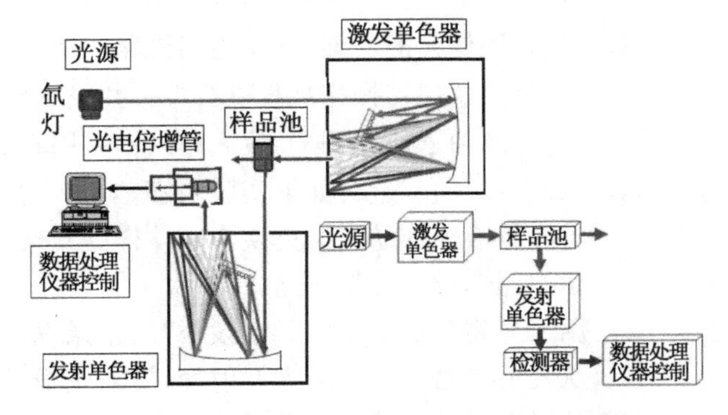

图 23-2　荧光光谱仪的工作原理及结构示意图

三、实验仪器及材料

(一) 实验仪器

荧光光谱仪的工作原理及结构如图 23-2 所示。

仪器构成：荧光光谱仪一般由光源、

单色器、样品池、检测器、显示装置等构成。

光源：荧光光谱仪多采用氙灯作为光源，因它具有从短波紫外线到近红外线的基本上连续的光谱，以及性能稳定、寿命长等优点。

单色器：是从复合光色散出窄波带宽度光束的装置，由狭缝、镜子和色散元件组成。色散元件包括棱镜和光栅。荧光光谱仪有两个单色器：激发单色器和发射单色器。

试样容器：也称样品池，用于放置样品，分为固体样品池和液体样品池两类。对于透明的液体试样，光源、试样容器和探测器通常排成直角形；对于不透明的固体试样，则排成锐角形。

检测器：通常采用光电倍增管作为检测器。

显示装置：荧光光谱仪大多配有微处理机，其信号经处理后在屏上显示出来，并输给记录器记录。

（二）实验材料

ZnO：Eu 荧光粉，维生素 B_2 溶液。

四、实验内容和步骤

（一）液体试样荧光光谱的测定

(1) 将荧光分光光度计打开，预热 10 min 左右。

(2) 换好液体样品支架。

(3) 打开软件进行初始化。

(4) 严格参照仪器操作规程进行各参数设置(为确保仪器安全，信号强度$<10^6$)。

(5) 将准备好的液体溶液倒入比色皿(约$\frac{1}{3}\sim\frac{2}{3}$)中，再放入样品架，完成如下实验内容：

① 配置好不同浓度的维生素 B_2 溶液。

② 用 365 nm 光激发，记录 200～700 nm 的发射光谱，找出荧光光谱中最大峰值对应的 λ_{EMmax}。

③ 检测 λ_{EM}max，记录对应的激发光谱。

④ 从激发光谱上找出不同的几个激发波长 λ_{EM}，记录在这几个波长激发下的发射光谱，并与分析得到的发射光谱进行对比区别。

（二）固体试样荧光光谱的测定

(1) 将荧光分光光度计打开，预热 10 min 左右。

(2) 换好固体样品支架，并做适当光路微调。

(3) 严格参照仪器操作规程进行各参数设置(为确保仪器安全，信号强度$<10^6$)。

(4) 将样品粉末研磨均匀，放入样品槽并用石英片压平滑。

(5) 关上样品仓，进行如下实验内容。

① 学习将液体样品支架更换为固体样品支架；

② 学习固体样品支架光路微调；

③ 用 UV 得到的吸收波长激发样品，记录发射光谱；

④ 从发射光谱上找到最大发射峰，检测该峰，记录激发光谱；

⑤ 从激发光谱上找几个合适的激发波长，记录样品的发射光谱。

五、实验注意事项

(1) 测新样品前,保证样品槽干净没有其他杂质,否则将影响实验结果。

(2) 测激发光谱和发射光谱时所设置的扫描范围避开 λ_{EX} 和 λ_{EM}。

(3) 扫描过程中禁止打开样品仓盖。

六、实验报告

由测试元件绘制荧光光谱,包括激发光谱和发光光谱,如图 23-3 和图 23-4 所示。

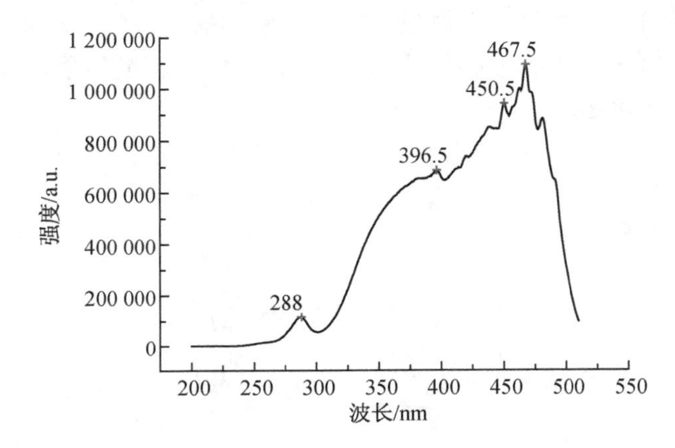

图 23-3　维生素 B_2 溶液的激发光谱(λ_{EM}=542 nm)

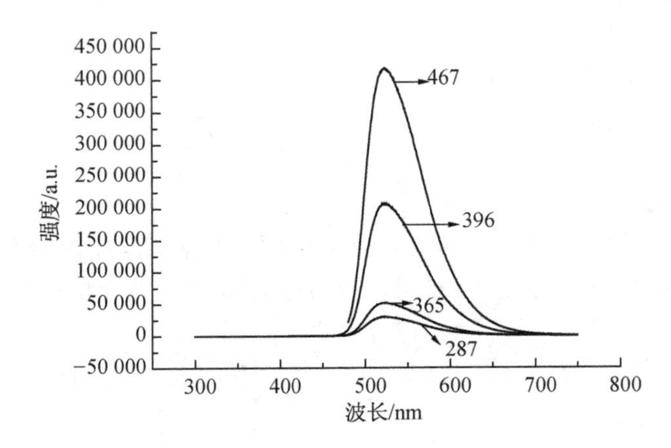

图 23-4　维生素 B_2 溶液的发光光谱(λ_{EX}=287 nm/365 nm/396 nm/467 nm)

七、思考题

(1) 简述荧光产生的原因。

(2) 解释激发光谱和发射光谱,并说明激发光谱和发射光谱的关系。

(3) 不同激发波长下的发射光谱有什么区别?为什么会得到这样的结果?

(4) 吸收光谱和激发光谱有什么关系?

实验 24　绝缘材料介电常数的测量与分析

一、实验目的和要求

（1）了解介电常数和损耗角正切的定义和物理意义。

（2）学习测量介电常数和损耗角的方法原理及仪器操作。

（3）介质损耗和介电常数是各种电磁、装置瓷、电容器陶瓷的一项重要的物理性质，通过测定介质损耗角正切 $\tan\delta$ 及介电常数 ε 可进一步了解影响介质损耗和介电常数的各种因素，为提高材料的性能提供依据。

二、实验原理

（一）介电常数测量

$$C = \varepsilon_r \varepsilon_0 \frac{S}{d} = \varepsilon_r \varepsilon_0 \frac{\pi \phi^2}{4d}$$

$$\varepsilon_r = \frac{4Cd}{\pi \varepsilon_0 \phi^2} = 14.4 \times \frac{Cd}{\phi^2}$$

式中　C——试样的电容量，pF；

ε_r——试样介电常数；

ε_0——真空介电常数；

S——试样上（下）表面面积；

d——试样厚度，cm；

ϕ——试样直径，cm。

（二）品质因子 Q

Q 表示元件或系统的品质因子，其物理含义是在一个振荡周期内储存的能量与损耗的能量之比。对于电抗元件（电感或电容）来说，即在测试频率上呈现出的电抗与电阻之比。

$$Q = \frac{X_L}{R} = \frac{\omega L}{R} = \frac{2\pi f L}{R} \quad 或 \quad Q = \frac{X_C}{R} = \frac{1}{2\pi f C R} \tag{24-1}$$

式中　f——频率；

L——电感量；

R——电阻；

ω——外加信号的角频率；

X_L——电路的感抗；

X_C——电路的容抗。

在串联谐振电路中，所加的信号电压为 U_i，在发生谐振时，有

$$|X| = |X_C| \quad 或 \quad 2\pi f L = \frac{1}{2\pi f C} \tag{24-2}$$

回路中电流为

$$i = \frac{U_i}{R} \tag{24-3}$$

$$U_C = i|X_C| = \frac{U_i}{R} \cdot \frac{1}{2\pi fC} = U_i Q$$

故电容两端的电压为

$$Q = \frac{U_C}{U_i} \tag{24-4}$$

即谐振时电容上的电压与输入电压之比为 Q。

(三) 介质损耗角正切 $\tan\delta$

$$\tan\delta = \frac{1}{Q}$$

三、实验设备和材料

DZ5001 介电常数测试仪,待测样品。

四、实验内容和步骤

(1) 开机预热 15 min,待仪器恢复正常后开始测试。

(2) 取出附带的支架,将被测样品夹入两极板之间,再选择适当的辅助线圈插入电感接线柱,用引线将支架连接至仪器电容接线柱。

(3) 根据需要选择振荡器频率,调节测试电路电容器使电路谐振(Q 值最大)。假定谐振时电容为 C_2,品质因子为 Q_2。

(4) 记录支架上的刻度 X,并将被测样品从支架的两极板中取出,调节两极板间距离,使其恢复至 X。

(5) 再调节测试电路电容器使电路谐振,这时电容为 C_1,可以直接读出 Q_1,并且 $\Delta Q = Q_1 - Q_2$。

(6) 用游标卡尺量出试样的厚度 d(分别在不同位置测得两个数据,再取其平均值),直径 ϕ 一般取铜板的直径($\phi = 30$ mm)。

五、实验注意事项

(1) 电极与试样的接触情况对 $\tan\delta$ 的测试结果有很大的影响,因此电极要求接触良好、均匀,且厚度合适。

(2) 试样吸湿后,测得的 $\tan\delta$ 值增大,影响测量精度,应严格避免试样吸潮。

六、实验报告

将测试数据填入表 24-1 中,介电常数、损耗角正切、Q 值分别按以下公式计算:

$$\varepsilon_r = \frac{4Cd}{\pi\varepsilon_0\phi^2} = 14.4 \times \frac{Cd}{\phi^2}$$

其中 $C = C_1 - C_2$。

$$\tan\delta = \frac{C_1}{C_1 - C_2}\frac{\Delta Q}{Q_1 Q_2}$$

$$Q = \frac{1}{\tan\delta} = \frac{Q_1 Q_2}{\Delta Q}\frac{C_1 - C_2}{C_1}$$

表 24-1 实验数据

编号	C_1	C_2	C	d	ϕ	Q_1	ΔQ	Q_2	$\tan\delta$	Q

七、思考题

(1) 介质损耗和介电常数的概念是什么?

(2) 简述介质损耗和介电常数的测定原理。

实验 25　材料压电系数的测定

一、实验目的和要求

了解准静态法测量材料压电系数 d_{33} 的原理、仪器及方法。

二、实验原理

准静态法的测试原理是依据正压电效应，在压电振子上施加一个频率远低于振子谐振频率的低频交变力，产生交变电荷。

当振子在没有外电场作用，满足电学短路边界条件，只沿平行于极化方向受力时，压电方程可简化为

$$D_3 = d_{33} T_3 \qquad \text{即} \qquad d_{33} = \frac{D_3}{T_3} = \frac{Q}{F} \tag{25-1}$$

式中　D_3——电位移分量，C/m^2；

T_3——纵向应力，N/m^2；

d_{33}——纵向压电应变常数，C/N 或 m/V；

Q——振子释放的压电电荷，C；

F——纵向低频交变力，N。

如果将一被测振子与一已知的比较振子在力学上串联，通过一施力装置内的电磁驱动器产生低频交变力并施加到上述振子，则被测振子所释放的压电电荷 Q_1 在其并联电容器 C_1 上建立起电压 V_1 而比较振子所释放的压电电荷 Q_2 在 C_2 上建立起电压 V_2。

由式(25-1)可得

$$d_{33}^{(1)} = \frac{C_1 V_1}{F}$$
$$d_{33}^{(2)} = \frac{C_2 V_2}{F} \tag{25-2}$$

式中：　$C_1 = C_2 > 100C^T$（振子自由电容）

式(25-2)可进一步化为

$$d_{33}^{(1)} = \frac{V_1}{V_2} d_{33}^{(2)} \tag{25-3}$$

式(25-3)中比较振子的 $d_{33}^{(2)}$ 值是给定的，V_1 和 V_2 可测定，即可求得被测振子的 $d_{33}^{(1)}$ 值。如果将 V_1 和 V_2 经过电子线路处理后，就可直接得到被测振子的纵向压电应变常数 d_{33} 的准静态值和极性。

三、实验设备和材料

YE2730 型准静态 d_{33} 测量仪（图 25-1），待测样品。

四、实验内容和步骤

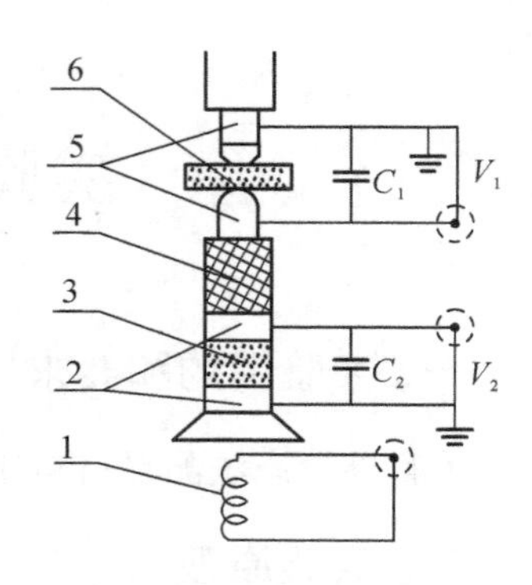

图 25-1 准静态法测试原理图

1—电磁驱动器；2—比较振子上、下电极；3—比较振子；4—绝缘柱；5—上、下测试探头；6—被测振子
C_1—被测振子并联电容；C_2—比较振子并联电容；V_1—被测输出电压；V_2—比较输出电压

(1) 接通电源，仪器通电 30 min 后，接入标准样，选择开关置于“力”状态，此时，表头显示的低频交变力值为$(250\pm10)\times10^{-3}$N。把选择开关置于“d_{33}”状态，变换“d_{33}”极性，调节仪器前面板上的调零旋钮，使面板表的显示正、负对称，再调节后面板“校准”，使得“d_{33}”显示值与标准值相符。

(2) 将待测试样插入上、下两探头之间，调节调节轮使探头与样品刚好夹持住，静压力应尽量小，使面板表指示值不跳动即可。指示值稳定后，读取“d_{33}”的数值和极性。同一样品，在不同位置(记为 A、B、C、D、E)测试，记录 5 个数据。

(3) 对大电容试样测试时，需要对数据进行修正。当被测试样的电容大于 0.01 μF(×1 挡)，或大于 0.001 μF(×0.1 挡)时，测量误差会超过 1%，所以应对测量值按下式进行修正：

$$d_{33}\text{ 修正值} = d_{33}\text{ 指示值}\times(1+C_C) \qquad (\times 1\text{ 挡})$$

$$d_{33}\text{ 修正值} = d_{33}\text{ 指示值}\times(1+10C_C) \qquad (\times 0.1\text{ 挡})$$

其中，C_C为试样电容值，单位为 μF。

五、实验注意事项

(1) 样品应尽量垂直于上、下金属探头。
(2) 样品夹持松紧度要合适，过松或过紧都会造成测试数据不准确，还可能会破坏样品。
(3) 样品应保持干燥。

六、实验报告

将实验数据填入表 25-1。

表 25-1 实验数据

样品编号	电容值	d_{33}指示值						d_{33}修正值
		A	B	C	D	E	平均值	
1								
2								
3								

七、思考题

(1) 压电振子的极性与什么因素有关？
(2) 同一样品上各点的压电系数是否相同？
(3) 当切换到×0.1 挡时，为什么“d_{33}修正值$=d_{33}$指示值$\times(1+10C_C)$”？换挡时切换的是哪些参数？

实验 26　热电偶温差电动势的测量

一、实验目的和要求

(1) 了解电位差计的工作原理,学会用箱式电位差计测量热电偶的温差电动势。

(2) 学会用数字电压表测量热电偶的温差电动势。

(3) 了解热电偶的测温原理和方法。

(4) 学会使用光点式或数字式检流计。

二、实验原理

(一) 热电偶

两种不同金属组成一闭合回路时,若两个节点 A、B 处于不同温度 T_0 和 T,则在两节点 A、B 间产生电动势,称为温差电动势,这种现象称为温差现象。这样由两种不同金属构成的组合,称为温差电偶,或热电偶。热电偶是一种常用的热电传感器,利用它可以测量微小的温度变化。

温差电动势 ε 的大小除和热电偶材料的性质有关外,另一决定因素就是两个接触点的温度差($T-T_0$)。电动势与温差的关系比较复杂,当温差不大时,取其一级近似可表示为

$$\varepsilon = C(T - T_0)$$

式中,C 为热电偶常数(或称温差系数),等于温差为 1℃时的电动势,其大小取决于组成热电偶的材料。例如,常用的铜-康铜电偶的 C 值为 4.26×10^{-2} mV/K,而铂铑-铂电偶的 C 值为 6.43×10^{-3} mV/K。

热电偶可制成温度计,为此,先将 T_0 固定(例如放在冰水混合物中),用实验方法确定热电偶的 $\varepsilon-T$ 关系,称为定标。定标后的热电偶与电位差计配合可用于测量温度。与水银温度计相比,温差电偶温度计具有测量温度范围大(−200～2 000℃),灵敏度和准确度高,便于实验遥测和 A/D 变换等一系列优点。

(二) 数字式电压表测量温差电动势

由于数字式电压表的精度和准确度都很好,温差电动势的测量也可以采用数字电压表。测量前,需要把数字电压表的两个接线端连接起来,对数字电压表进行调零。把数字电压表的两个接线端接在温差电偶的两个信号输出端上,选择合适的电压量程,就可以开始测量。

(三) 电位差计

电位差计是准确测量电势差的仪器,其精度很高。用电压表测量电动势 E_x 时,电压表读数为 $U=E_x-IR$,其中 R 为电压表内阻。由于 $U<E_x$,故用电压表不能准确测量电动势。只有当 $I=0$ 时,端电压 U 才等于电动势 E_x。

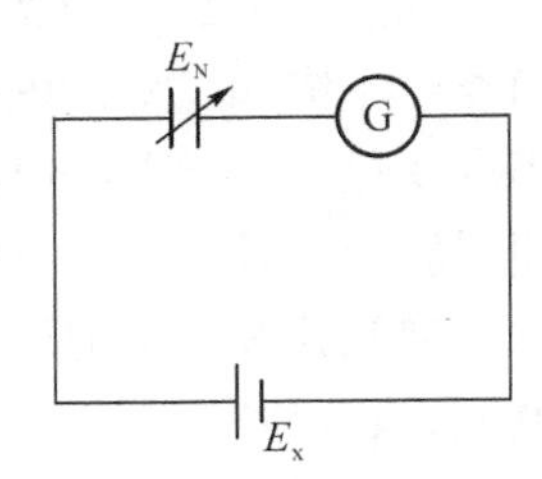

图 26-1　补偿法原理图

如图 26-1 所示,如果两个电动势相等,则电路中没有电流通过,$I=0$,$E_N=E_x$。如果 E_N 是标准电池,则利用这种互相抵消的方法(补

偿法)就能准确地测量被测的电动势 E_x，这种方法称为补偿法，电位差计就是基于这种补偿原理而设计的。

在实际的电位差计中，E_N必须大小可调，且电压很稳定。电位差计的工作原理如图 26-2 所示，其中，外接电源 E、制流电阻 R_p和精密电阻 R_{AB} 串联成一闭合回路，称为辅助回路。当有一恒定的标准电流 I_0流过电阻 R_{AB}时，改变 R_{AB}上两滑动头 C、D 的位置就能改变 C、D 间的电位差 V_{CD} 的大小。由于测量时应保证 I_0恒定不变，所以在实际的电位差计中都根据 I_0的大小把电阻的数值转换成电压值，并标在仪器上。V_{CD}相当于上面的"E_N"，测量时把滑动头 C、D 两端的电压 V_{CD}引出与未知电动势 E_x进行比较。

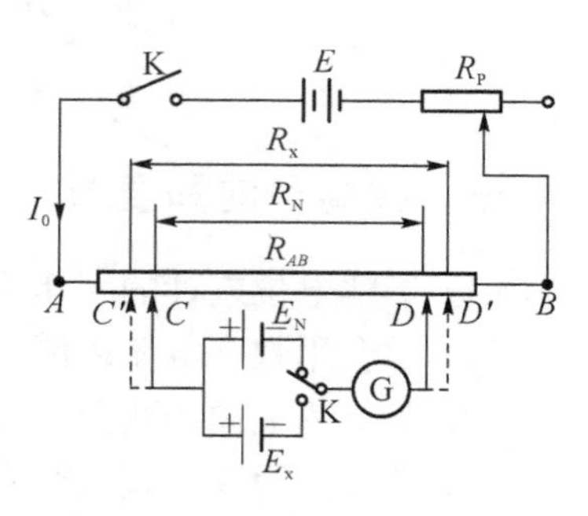

图 26-2 电位差计原理图

(1) 校准

为了使 R_{AB} 中流过的电流是标准电流 I_0，根据标准电池电动势 E_N的大小，选定 C、D 间的电阻为 R_N，使 $E_N = I_0R_N$，调节 R_p改变辅助回路中的电流，当检流计指零时，R_{AB}上的电压恰与补偿回路中标准电池的电动势 E_N 相等。由于 E_N和 R_N都准确地已知，这时辅助回路中的电流就被精确地校准到所需要的 I_0值。

(2) 测量

把开关倒向 E_x一边，只要 $E_x \leqslant I_0R_N$，总可以滑动 C、D 到 C'、D' 使检流计再次指零。这时，C'、D' 间的电压恰好和待测的电动势 E_x 相等。设 C'、D' 之间的电阻为 R_x，可得 $E_x = I_0R_x$。因 I_0已被校准，E_x也就知道了。

由于电位差计的实质是通过比较电阻把待测电压与标准电池的电动势作比较，此时有

$$E_x = \frac{R_x}{R_N} \cdot E_N$$

因而只要精密电阻 R_{AB}做得均匀准确、标准电池的电动势 E_N准确稳定、检流计足够灵敏、电源很稳定，其测量准确度就很高，且测量范围可做得很广。但是，在电位差计的测量过程中，工作条件常易发生变化(如辅助回路电源 E 不稳定，制流电阻 R_P不稳定等)，为保证工作电流标准化，每次测量都必须经过校准和测量两个基本步骤，且每次要达到补偿都要进行细致地调节，所以操作较为繁复、费时。

三、实验设备和材料

(一) 标准电池

标准电池是一种做电动势标准的原电池，分为饱和式(电解液始终是饱和的)和不饱和式两类。不饱和式标准电池的电动势 E_T随温度变化很小，一般不必作温度修正，但在恒温下 E_T仍有变化，不及饱和式标准电池稳定，而且在电流通过不饱和式标准电池后，电解液变浓，长期使用后会失效。

饱和式标准电池的电动势较稳定，但随温度变化比较显著。本实验所用的为饱和式标准电池，该电池在 20℃时的电动势为 $E_{20} = 1.018\ 60$ V，在偏离 20℃时的电动势可以下式估算：

$$E_{s(T)} = E_{20} - [39.94(T-20) + 0.929(T-20)^2 \times 10^{-5} - 0.009\ 0(T-20)^3] \times 10^{-6}\ \text{V}$$

电池的温度可由其上所附的温度计读出。

使用标准电池时需注意正负极不能接错，不能短路，不准用万用表测其端电压，不可摇晃、振荡、倒置，不准超过容许电流。

（二）直流复射式光点检流计（AC15 型）

直流复射式光点检流计是一种测量微弱电流（$10^{-11} \sim 10^{-8}$ A）的磁电式检流计，它无指针，靠光标读数，无固定的零点，一般常用来检测有无电流或作为零位测量法的“指零”仪表。直流复射式光点检流计的使用方法如下：

(1) 待检测电流由左下角标示的“＋”“－”两个接线端接入，一般可不考虑正负。

(2) 电流的大小由投射到刻度尺上的光标来指示。产生光标的电源插口在仪器背面。由于光标电源有 AC220 V 和 AC6.3 V、DC6.3 V 三种，所以要注意光标电源的选择开关应和实际相符。

(3) 测量时，应先接通光标电源，见到光标后，将分流器开关由“短路”转到“×0.01”挡，观察光标是否指“0”，如果光标不在“0”点，应使用零点调节器和标盘微调器，把光标调在“0”点。如果找不到光标，可以将检流计的分流器开关置于“直接”处，检查仪器内的小灯泡是否发光。

(4) 仪器的偏转线圈并联不同的分流电阻，可以得到不同的灵敏度。使用时，应从检流计的最低灵敏度×0.01 挡开始测量，如果偏转不大，再逐步提高灵敏度。本实验中要求灵敏度达到“×1”或“×0.1”。

(5) 测量中当光标晃动不停时，要转向短路挡，使线圈做阻尼振动，较快静止下来。检流计悬丝所能承受的最大拉力只有零点几克，所以使用时注意不能振动、倾斜。当实验结束时，必须将分流器置于短路挡，以防止线圈和悬丝受到机械振动而损坏。

（三）数字式灵敏检流计

JRLQJI—2A 型数字式检流计灵敏度较高，达 0.2 nA/μV。接通电源后，同样先用面板右下方的调零旋钮调零。使用时，若有电流通过，便会在显示器上显示出所通过电流的极性“＋”或“－”及电流的大小，电流大小由显示器上的示数和面板右上方“×1”“×10”两指示灯共同决定。如“×100”灯亮，则电流大小为示数值×100，表示此时通过的电流较大，偏离平衡位置较远。

（四）UJ31 型直流电位差计

UJ31 型电位差计的面板如图 26-3 所示。其面板上各旋钮、按钮介绍如下：

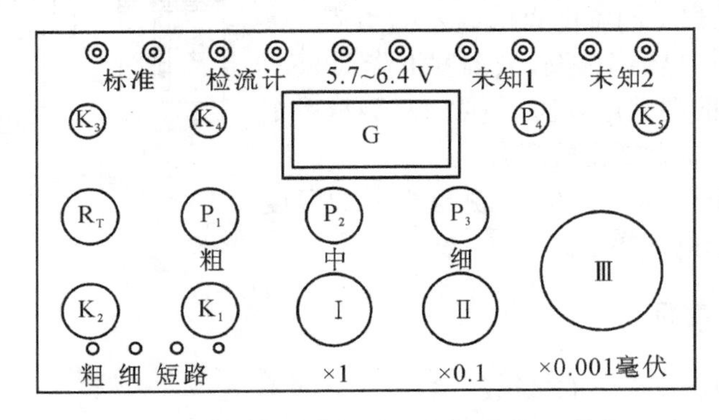

图 26-3　UJ31 型电位差计的面板结构示意图

(1) K_1为量程开关，拨在×10 挡时，测量范围为 0～171 mV；在×1 挡时，测量范围为 0～17.1 mV。

(2) K_2为工作状态转换开关，可在“标准”“测量”和“断开”三种状态间切换。

(3) 接通检流计的按钮式开关，有“粗”和“细”两个。

(4) R_T为标准电池的温度补偿旋钮，它是一个可调电阻，示值已换算成电压，使用时根据标准电池电动势的大小取值。因标准电池的电动势与温度有关，故此旋钮有温度补偿之称。

(5) P_1，P_2，P_3是为进行电流标准化的调节电阻，它是把图 26-2 中的制流电阻 R_p分成“粗”“中”“细”三个可调电阻，以便于迅速达到补偿。

(6) Ⅰ、Ⅱ、Ⅲ是测量旋钮及转盘，它是把图 26-2 中的 R_{AB}也分成三挡。在转盘Ⅲ上还有游标，以提高读数的精确度。

电位差计的使用方法如下：

(1) 检流计调零。先接好整个实验线路。注意标准电池的正负极、电源的正负极不要接错，未知 1 或 2 的正极接热电偶的热端，不能接错。状态转换开关 K_2置于“断”的位置，并将“粗”“细”“短路”按钮松开。将检流计接上电源，调节“零点调节”旋钮，使检流计指零。

(2) 调节电位差计工作电流。①使 K_2置于“标准”位置。②粗调。按下“粗”钮，依次调节 P_1、P_2，直到检流计粗略指零。③细调。松开“粗”钮，按下“细”钮，调节 P_2、P_3，使检流计准确指零，校准完成。校准后，在测量时 P_1，P_2，P_3不要再动。

(3) 测量。①在本实验中，测量范围为 0～17.1 mV，故将量程选择开关 K_1转至“×1”挡。②将状态转换开关“K_2”拨向未知 1(或未知 2)位置。③粗调。按下“粗”钮，依次调节读数盘Ⅰ、Ⅱ，使检流计粗略指零。④细调。松开“粗”钮，按下“细”钮，调节读数盘Ⅱ、Ⅲ，使检流计准确指零，即可读数。待测电动势为 ε_x＝(Ⅰ盘读数×1＋Ⅱ盘读数×0.1＋Ⅲ盘读数×0.001)×(K_1所示量程)mV。

四、实验内容和步骤

(1) 参照图 26-4，连接好线路。

(2) 把检流计调零(详见检流计使用方法)。

(3) 调节电位差计工作电流标准化(详见电位差计使用方法)。

(4) 测量降温过程不同温度点的温差电动势。接通电源，将热端的水加热到 100℃，当温度下降到 95℃时，开始测量热电偶的温差电动势，每隔 4℃测量一个电动势，测出 8 个数据，重复测量两次。

(5) 使热端处于任意一个温度，测出当前的温度 T_x及此温度下相应的电动势 ε_x。

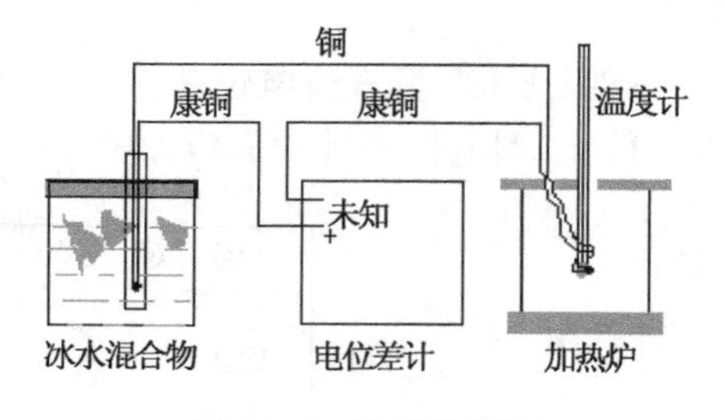

图 26-4　实验装置图

五、实验注意事项

(1) 各接线端的正负极不能接错。

(2) 如时间允许，最好每次测量前，都重新校准工作电流 I_0。

(3) 注意温度计和电偶热端必须与热水接触，且不能碰到杯壁或杯底。

六、实验报告

（1）实验数据记录。将实验数据记录到表 26-1 中。

表 26-1　测量数据表

热端温度 T/℃									
（1）电动势 ε_T /mV									
（2）电动势 ε_T /mV									
电动势平均值									

标准电池温度 T=　　　　（℃）；标准电池电动势 $E_{s(T)}$ =　　　　（V）；

热电偶冷端温度 T_0=　　　　（℃）

（2）用两种方法求出温差系数 C。以热电偶两端点的温差 ΔT 为横坐标，热电动势 ε 为纵坐标，在直角坐标纸上作 $\varepsilon - \Delta T$ 曲线，并用作图法定出温差系数 C。其方法是在直线上两端的数据区取两点（ΔT_1，ε_1），（ΔT_2，ε_2）（这两个一般不是数据点），代入下式求出 C

$$C = (\varepsilon_2 - \varepsilon_1)/(\Delta T_2 - \Delta T_1)$$

利用所测数据，用最小二乘法求出 C 值。

（3）由 $\varepsilon - \Delta T$ 图，根据 ε_x 求出热水温度 T_x，以温度计所测值 $T_{x真}$ 为其真值，计算误差。

七、思考题

（1）电位差计是利用什么原理进行测量的?

（2）使用电位差计测量位置电压前要进行哪些操作?

实验27　材料电化学阴极极化曲线的测试与分析

一、实验目的

(1) 掌握稳态恒电位法测定金属极化曲线的基本原理和测试方法。
(2) 了解极化曲线的意义和应用。
(3) 掌握恒电位仪的使用方法。

二、实验原理

(一) 极化现象与极化曲线

为了探索电极过程机理及影响电极过程的各种因素,必须对电极过程进行研究,其中极化曲线的测定是重要方法之一。我们知道在研究可逆电池的电动势和电池反应时,电极上几乎没有电流通过,每个电极反应都是在接近平衡状态下进行的,因此电极反应是可逆的。但当有电流明显地通过电池时,电极的平衡状态被破坏,电极电势偏离平衡值,电极反应处于不可逆状态,而且随着电极上电流密度的增加,电极反应的不可逆程度也随之增大。由于电流通过电极而导致电极电势偏离平衡值的现象称为电极的极化,描述电流密度与电极电势之间关系的曲线称为极化曲线,如图27-1所示。

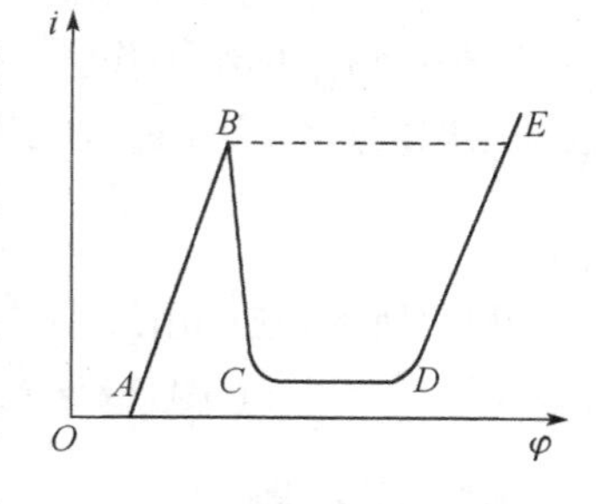

图27-1　极化曲线

AB:活性溶解区;
B:临界钝化点;BC:过渡钝化区;
CD:稳定钝化区;
DE:超(过)钝化区

金属的阳极过程是指金属作为阳极时在一定的外电势下发生的阳极溶解过程,如下式所示:

$$\mathrm{M} \rightarrow \mathrm{M}^{n+} + n\mathrm{e}$$

此过程只有在电极电势大于其热力学电势时才能发生。阳极的溶解速度随电位变正而逐渐增大,这是正常的阳极溶出;但当阳极电势正到某一数值时,其溶解速度达到最大值,此后阳极溶解速度随电势变正反而大幅度降低,这种现象称为金属的钝化现象。图27-1所示曲线表明,从点A开始,随着电位向正方向移动,电流密度也随之增加,电势超过点B后,电流密度随电势增加迅速减至最小,这是因为在金属表面产生了一层电阻高、耐腐蚀的钝化膜。点B对应的电势称为临界钝化电势,对应的电流称为临界钝化电流。电势到达点C以后,随着电势的继续增加,电流却保持在一个基本不变的很小的数值上,该电流称为维钝电流,直到电势升到点D,电流才又随着电势的上升而增大,表示阳极又发生了氧化过程,可能是高价金属离子产生也可能是水分子放电析出氧气,DE段称为过钝化区。

(二) 极化曲线的测定

1. 恒电位法

恒电位法就是将研究电极依次恒定在不同的数值上,然后测量对应于各电位下的电流。极化曲线的测量应尽可能接近体系稳态。稳态体系指被研究体系的极化电流、电极电势、电极

表面状态等基本上不随时间而改变。在实际测量中，常用的控制电位测量方法有静态法和动态法两种。

(1) 静态法。将电极电势恒定在某一数值，测定相应的稳定电流值，如此逐点地测量一系列各个电极电势下的稳定电流值，以获得完整的极化曲线。对某些体系，达到稳态可能需要很长时间，为节省时间，提高测量重现性，人们往往自行规定每次电势恒定的时间。

(2) 动态法。控制电极电势以较慢的速度连续地改变(扫描)，并测量对应电位下的瞬时电流值，以瞬时电流与对应的电极电势作图，获得整个极化曲线。一般来说，电极表面建立稳态的速度愈慢，则电位扫描速度也应愈慢。因此对不同的电极体系，扫描速度也不相同。为测得稳态极化曲线，人们通常依次减小扫描速度测定若干条极化曲线，当测至极化曲线不再明显变化时，可确定此扫描速度下测得的极化曲线即为稳态极化曲线。同样，为节省时间，对于那些只是为了比较不同因素对电极过程影响的极化曲线，则选取适当的扫描速度绘制准稳态极化曲线。

上述两种方法都已经获得了广泛应用，尤其是动态法，由于可以自动测绘，扫描速度可控制，因而测量结果重现性好，特别适用于做对比实验。

2. 恒电流法

恒电流法就是控制研究电极上的电流密度依次恒定在不同的数值下，同时测定相应的稳定电极电势。采用恒电流法测定极化曲线时，由于种种原因，给定电流后，电极电势往往不能立即达到稳态，不同的体系，电势趋于稳态所需要的时间也不相同，因此在实际测量时一般电势接近稳定(如 1～3 min 内无大的变化)即可读值，或人为自行规定每次电流恒定的时间。

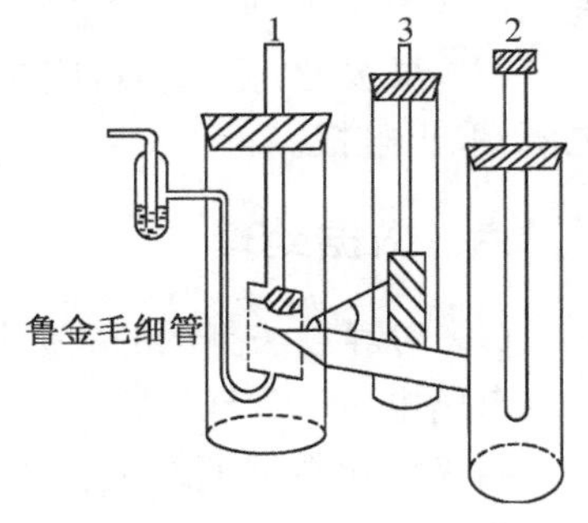

图 27-2　三室电解槽

1—研究电极；2—参比电极；3—辅助电极

三、实验仪器与试剂

恒电位仪 1 台，饱和甘汞电极 1 支，碳钢电极 1 支，铂电极 1 支，三室电解槽 1 个(图 27-2)。

2 mol/L$(NH_4)_2CO_3$溶液，0.5 mol/L H_2SO_4 溶液，丙酮溶液。

四、实验步骤

(一) 碳钢预处理

用金相砂纸将碳钢研究电极打磨至镜面光亮，用石蜡蜡封，留出 1 cm^2 面积，如蜡封多了可用小刀去除多余的石蜡，保持切面整齐。然后在丙酮中除油，在 0.5 mol/L 的 H_2SO_4 溶液中去除氧化层，浸泡时间均不得低于 10 s。

(二) 恒电位法测定极化曲线的步骤

(1) 准备工作。仪器开启前，“工作电源”置于“关”，“电位量程”置于“20 V”，“补偿衰减”置于“0”，“补偿增益”置于“2”，“电流量程”置于“200 mA”，“工作选择”置于“恒电位”，“电位测量选择”置于“参比”。

(2) 通电。插上电源，“工作电源”置于“自然”挡，指示灯亮，电流显示为 0，电位表显示的电位为“研究电极”相对于“参比电极”的稳定电位，称为自腐电位，其绝对值大于 0.8 V 可以开始下面的操作，否则需要重新处理电极。

(3)“电位测量选择”置于“给定”，仪器预热 5～15 min。电位表指示的给定电位为预设定的“研究电极”相对于“参比电极”的电位。

(4) 调节“恒电位粗调”和“恒电位细调”，使电位表指示的给定电位为自腐电位，“工作电源”置于“极化”。

(5) 阴极极化。调节“恒电位粗调”和“恒电位细调”，每次减少 10 mV，直到减少 200 mV，每减少一次，测定 1 min 后的电流值。测完后，将给定电位调回自腐电位值。

(6) 阳极极化。将“工作电源”置于“自然”，“电位测量选择”置于“参比”，等待电位逐渐恢复到自腐电位±5 mV，否则需要重新处理电极。重复步骤(3)(4)(5)，第(5)步骤中给定电位每次增加 10 mV，直到作出完整的极化曲线。提示：到达极化曲线的平台区，给定电位可每次增加 100 mV。

(7) 实验完成，“电位测量选择”置于“参比”，“工作电源”置于“关”。

五、注意事项

(1) 按照实验要求，严格进行电极处理。

(2) 将研究电极置于电解槽中时，要注意与鲁金毛细管之间的距离每次应保持一致。研究电极与鲁金毛细管应尽量靠近，但管口离电极表面的距离不能小于毛细管本身的直径。

(3) 每次做完测试后，应在确认恒电位仪或电化学综合测试系统在非工作的状态下，关闭电源，取出电极。

六、数据处理

(1) 对静态法测试的数据列表。

自腐电位－0.805 V

阴极极化数据记录于表 27-1 中。

表 27-1 阴极极化数据

电位/V										
电流/mA										
电位/V										
电流/mA										

阳极极化数据记录于表 27-2 中。

表 27-2 阳极极化数据

电位/V										
电流/mA										
电位/V										
电流/mA										
电位/V										
电流/mA										

续表

电位/V										
电流/mA										
电位/V										
电流/mA										
电位/V										
电流/mA										
电位/V										
电流/mA										

(2) 以电极电势(相对饱和甘汞)为横坐标,电流密度为纵坐标,绘制极化曲线。

(3) 讨论所得实验结果及曲线的意义,指出钝化曲线中的活性溶解区、过渡钝化区、稳定钝化区、过钝化区,并标出临界钝化电流密度(电势)、维钝电流密度等数值。

七、思考题

(1) 比较恒电流法和恒电位法测定极化曲线的异同,并说明原因。

(2) 测定阳极钝化曲线为什么要用恒电位法?

(3) 做好本实验的关键因素有哪些?

(4) 影响金属钝化过程的因素有哪些?

实验 28　半导体材料霍尔效应的测定

一、实验目的和要求

(1) 了解霍尔效应实验原理以及有关霍尔器件对材料要求的知识。
(2) 学习用“对称测量法”消除副效应的影响，测绘试样的 V_H-I_S 和 V_H-I_M 曲线。
(3) 确定试样的导电类型。

二、实验原理

(一) 霍尔效应

霍尔效应从本质上讲是运动的带电粒子在磁场中受洛伦兹力作用而引起的偏转。当带电粒子(电子或空穴)被约束在固体材料中时，这种偏转就导致在垂直电流和磁场方向上产生正负电荷的聚积，从而形成附加的横向电场，即霍尔电场 E_H。其实验原理如图 28-1 所示。如图 28-1 所示的半导体试样，若在 X 方向通以电流 I_S，在 Z 方向加磁场 B，则在 Y 方向即试样 A—A' 的电极两侧就开始聚集异号电荷而产生相应的附加电场。电场的指向取决于试样的导电类型。对图 28-1(a)所示的 N 型试样，霍尔电场逆 Y 方向，对图 28-1(b)所示的 P 型试样则沿 Y 方向。即有

$$E_H(Y) < 0 \Rightarrow (\text{N 型})$$
$$E_H(Y) > 0 \Rightarrow (\text{P 型})$$

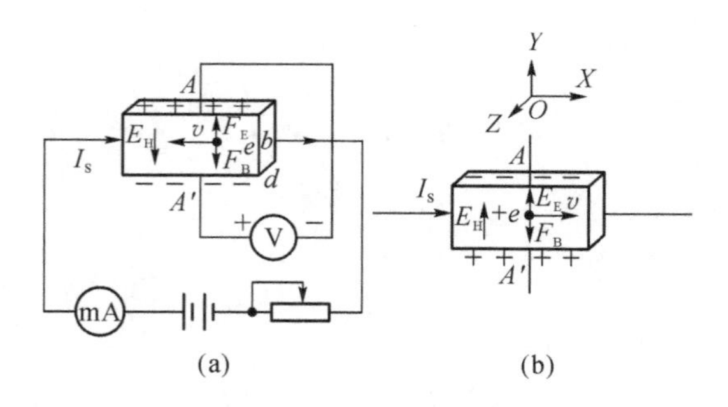

图 28-1　霍尔效应实验原理图

(a) 载流子为电子(N 型)；(b)载流子为空穴(P 型)

显然，霍尔电场 E_H是阻止载流子继续向侧面偏移的，当载流子所受的横向电场力 eE_H 与洛伦兹力 $e\bar{v}B$ 相等时，样品两侧电荷的积累就达到动态平衡，故有

$$eE_H = e\bar{v}B \tag{28-1}$$

式中，$\bar{v}$ 是载流子在电流方向上的平均漂移速度。

设试样的宽度为 b，厚度为 d，载流子浓度为 n，则

$$I_S = ne\bar{v}bd \tag{28-2}$$

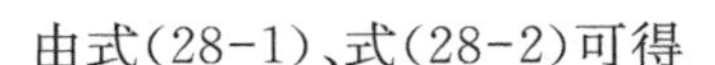
由式(28-1)、式(28-2)可得

$$V_H = E_H b = \frac{1}{ne}\frac{I_S B}{d} = R_H \frac{I_S B}{d} \tag{28-3}$$

即霍尔电压 V_H 与 $I_S B$ 乘积成正比与试样厚度 d 成反比。比例系数 $R_H = \frac{1}{ne}$ 称为霍尔系数，它是反映材料霍尔效应强弱的重要参数。只要测出 V_H（单位：V）以及知道 I_S（单位：A），B（单位：Gs①）和 d（单位：cm）可按下式计算 R_H：

$$R_H = \frac{V_H d}{I_S B} \tag{28-4}$$

（二）霍尔系数 R_H 与其他参数间的关系

根据 R_H 可进一步确定以下参数：

（1）由 R_H 的符号（或霍尔电压的正负）判断样品的导电类型。

判别的方法是按图 28-1 所示的 I_S 和 B 的方向，若测得的 $V_H < 0$，即点 A 电位高于点 A' 电位，则 R_H 为负，样品属 N 型；反之则为 P 型。

（2）由 R_H 求载流子浓度 n，即通过公式 $n = \frac{1}{|R_H| e}$ 可求 n。

（3）霍尔效应与材料性能的关系。根据上述可知，要得到大的霍尔电压，关键是要选择霍尔系数大（即迁移率 μ 高、电阻率 ρ 亦较高）的材料。因 $|R_H| = \mu\rho$，就金属导体而言，μ 和 ρ 均很低，而不良导体 ρ 虽高，但 μ 极小，因而上述两种材料的霍尔系数都很小，不能用来制造霍尔器件。半导体 μ 高，ρ 适中，是制造霍尔元件较理想的材料，由于电子的迁移率比空穴迁移率大，因此霍尔元件多采用 N 型材料。另外，霍尔电压的大小与材料的厚度成反比，因此薄膜型霍尔元件的输出电压比片状的要高得多。就霍尔器件而言，其厚度是一定的，因此实际上采用 $K_H = \frac{1}{ned}$ 来表示器件的灵敏度，K_H 称为霍尔灵敏度，单位为 mV/(mA・T)。

三、实验设备和材料

FB 510 型霍尔效应实验仪（图 28-2），待测半导体样品。

四、实验内容和步骤

（1）连接测试仪与实验仪。

① 开机或关机前，应该将测试仪的“I_S 调节”和“I_M 调节”旋钮逆时针旋到底。

② 按图 28-2 连接测试仪与实验仪之间各组对应连接线。

③ 接通电源，预热几分钟，此时，电流表显示“.000”，电压表显示“0.00”。按钮开关释放时，继电器常闭触点接通，相当于双刀双掷开关向上合，发光二极管指示出导通线路。

④ 先调节 I_S：从 0 逐步增大到 5 mA，电流表的示数即随“I_S 调节”旋钮顺时针转动而增大，此时电压表所示读数为“不等势”电压值，它随 I_S 增大而增大，I_S 换向，V_{H0} 极性变号（这是

① Gs：厘米克秒制单位制中磁感应强度的单位。与国际单位制中磁感应强度单位特[斯拉]（T）的换算关系为 1 Gs=10^{-4} T。

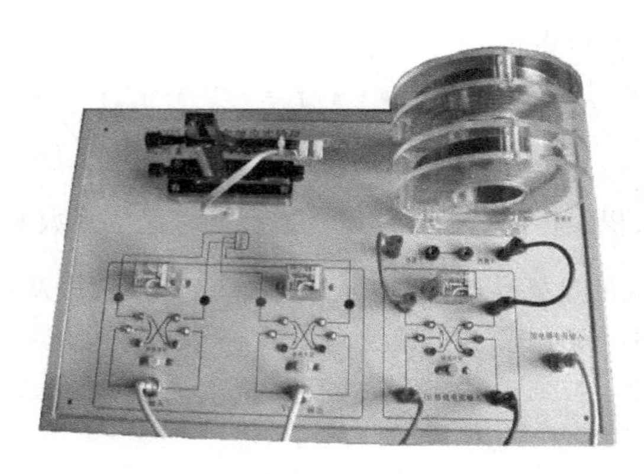

图 28-2　FB 510 型霍尔效应实验仪面板图

“不等势”电压值，可通过“对称测量法”予以消除）。FB 510 型霍尔效应实验仪 V_H 测试电流表设计有调零旋钮，通过它可把 V_{H0} 值消除。

（2）测绘 V_H-I_S 曲线。顺时针转动“I_M 调节”旋钮，使 $I_M = 500$ mA 固定不变，再调节 I_S，从 0.5 mA 到 5 mA，每次改变 0.5 mA，将对应的实验数据 V_H 值记录到表 28-1 中。（注意：测量每一组数据时，都要将 I_M 和 I_S 改变极性，从而每组都有 4 个 V_H 值）。

（3）测绘 V_H-I_M 曲线。调节 $I_S = 3$ mA 固定不变，然后调节 I_M，I_M 从 100 mA 到 500 mA，每次增加 100 mA，将对应的实验数据 V_H 值记录到表 28-2 中，极性改变同上。

（4）确定样品导电类型。将实验仪三组双刀开关均掷向上方，即 I_S 沿 X 方向，B 沿 Z 方向，电压表测量电压为 $V_{AA'}$。取 $I_S = 2$ mA，$I_M = 500$ mA，测量 $V_{AA'}$ 的大小及极性，由此判断样品导电类型。

（5）求样品的 R_H 值。

（6）测单边水平方向磁场分布（$I_S = 2$ mA，$I_M = 500$ mA）。

五、实验注意事项

（1）霍尔传感器各电极引线与对应的电流换向开关（本实验仪器采用按钮开关控制的继电器）的连线已由制造厂家连接好，实验时不必自己连接。

（2）严禁将测试仪的励磁电源“I_M 输出”误接到实验仪的“I_S 输入”或“V_H 输出”端，否则，一旦通电，霍尔样品就会损坏。

六、实验报告

（1）将数据记录到表 28-1 和表 28-2 中。

表 28-1　测绘 V_H-I_S 实验曲线数据记录表（I_M=500 mA）

I_S /mA	V_1 /mV	V_2 /mV	V_3 /mV	V_4 /mV	$V_H = \frac{V_1 - V_2 + V_3 - V_4}{4}$ /mV
	$+B, +I_S$	$-B, +I_S$	$-B, -I_S$	$+B, -I_S$	
0.50					
1.00					
1.50					

续表

I_S /mA	V_1 /mV	V_2 /mV	V_3 /mV	V_4 /mV	$V_H=\frac{V_1-V_2+V_3-V_4}{4}$ /mV
	$+B,+I_S$	$-B,+I_S$	$-B,-I_S$	$+B,-I_S$	
2.00					
2.50					
3.00					
3.50					
4.00					
4.50					
5.00					

表 28-2　测绘 V_H-I_M 实验曲线数据记录表($I_S=3$ mA)

I_M /A	V_1 /mV	V_2 /mV	V_3 /mV	V_4 /mV	$V_H=\frac{V_1-V_2+V_3-V_4}{4}$ /mV
	$+B,+I_S$	$-B,+I_S$	$-B,-I_S$	$+B,-I_S$	
0.100					
0.200					
0.300					
0.400					
0.500					

(2) 绘制 V_H-I_S 曲线和 V_H-I_M 曲线。

(3) 确定样品的导电类型(P 型或是 N 型)。

七、思考题

(1) 霍尔电压是怎样形成的？它的极性与磁场和电流方向(或载流子浓度)有什么关系？

(2) 测量过程中哪些量要保持不变？为什么？

(3) 换向开关的作用原理是什么？测量霍尔电压时为什么要接换向开关？

实验 29　微纳米粉体 Zeta 电位的测定

一、实验目的和要求

（1）了解固体颗粒表面带电的原因，了解表面电位大小与颗粒分散特性、物质稳定性之间的关系。

（2）了解微纳米粉体的电泳现象。

（3）掌握用电泳法测定 Zeta 电位的操作方法。

二、实验原理

（一）微纳米粉体的分散性

微纳米粉体在实际应用中经常遇到的问题是团聚，即分散不均匀。团聚会造成应用不便或使产品的质量出现问题，因此必须解决干粉或干粉在液体介质中的分散性问题。

由于微纳米粉体的粒径近似于胶体粒子，因此可以用胶体的稳定理论来近似探讨微纳米粉体的分散性。影响胶粒在溶液中分散性的一个重要因素是胶粒所带的电荷。

任何胶粒都带有一定电荷。电荷的来源有三种：①胶粒本身的电离；②胶粒在分散介质中选择性地吸附一定量的离子；③在非极性介质中胶粒与分散介质之间的摩擦生电。

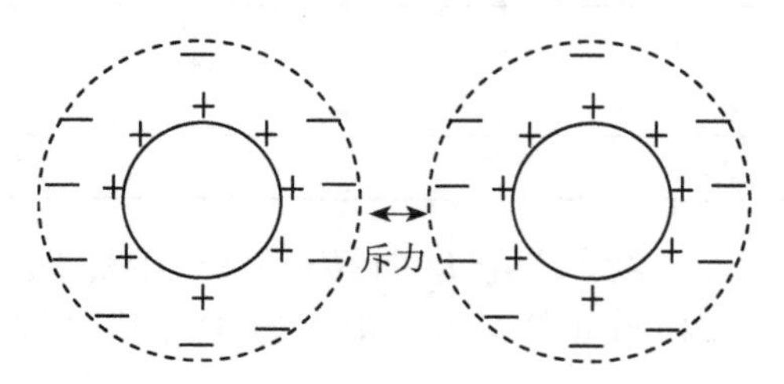

图 29-1　双电层模型

根据 DLVO 理论的双电层模型（图 29-1），因为胶粒表面带有某种电荷，所以在胶粒周围的分散介质中，还同时存在电量相等、符号相反的离子，这些离子和胶粒构成双电层结构。双电层结构整体呈电中性，与胶粒电荷相反的离子分为两层：紧密层和扩散层。紧密层中的反号离子被束缚在胶粒周围，扩散层中的反号离子虽然受到胶粒的静电引力的影响，但仍可脱离胶粒而移动。两个胶粒靠近时，双电层表面相同的电荷之间会产生斥力，这正是微粒避免团聚的重要因素。斥力的大小取决于双电层的厚度。

（二）微纳米粉体的 Zeta 电位及其影响因素

胶体中的分散质微粒在电场作用下做定向移动的现象，称为电泳。当固体粒子移动时，胶粒和紧密层一起运动，因此胶粒与分散介质之间会产生电位差，此电位差称为电动电势（图 29-2），又称 Zeta 电位（ζ-电位）。

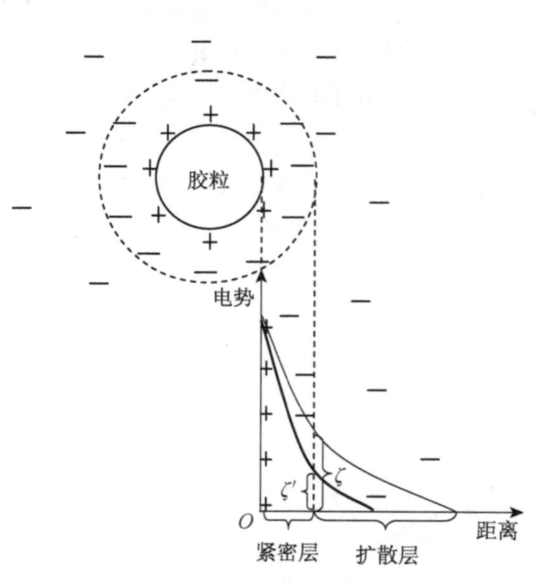

图 29-2　Zeta 电位示意图

ζ-电位对其他离子十分敏感，外加电解质会引起ζ-电位的显著变化。当与紧密层电荷相同的外加电解质的浓度增大时，会使得紧密层的离子增加，双电层变薄(图 29-3)，进而使得胶粒外界面与分散介质之间的电势差减小，即ζ-电位下降。

当ζ-电位下降到不足以排斥胶粒相互碰撞时的分子间作用力时，微粒就会团聚变大，然后在重力作用下沉降。

由此可知，ζ-电位的大小与固体表面带电机理、带电量的多少密切相关，直接影响固体微粒的分散特性、胶体物系的稳定性。ζ-电位高时，样品的稳定性好，流动性、成型性能也好。ζ-电位与体系稳定性之间的大致关系如表 29-1 所示。

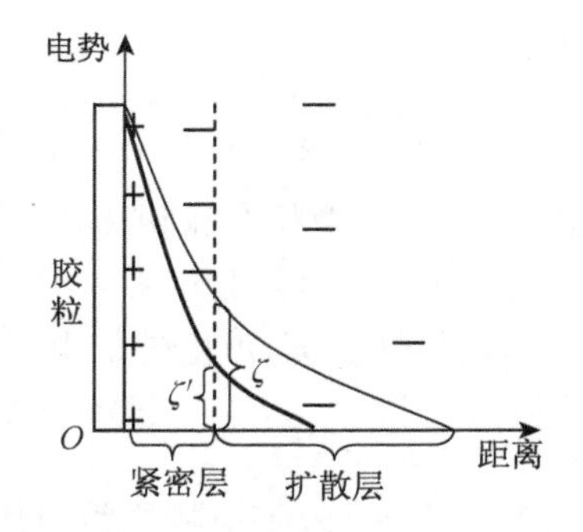

图 29-3　电解质对 Zeta 电位的影响

表 29-1　ζ-电位与体系稳定性的关系

Zeta 电位/mV	胶体稳定性	Zeta 电位/mV	胶体稳定性
0～±5	快速凝结或凝聚	±40～±60	较好的稳定性
±10～±30	开始变得不稳定	超过±61	稳定性极好
±30 ～±40	稳定性一般		

分散体系的ζ-电位可因以下因素而变化：

(1) pH 值的变化。

(2) 溶液的电导率。

(3) 某种特殊添加剂的浓度，如表面活性剂。

测量一个颗粒的 Zeta 电位随上述变量的变化可以了解试样的稳定性，反过来也可以确定产生团聚的临界条件。

(三) Zeta 电位测量原理

电泳原理是胶体体系在封闭的电泳槽中，在直流电场作用下，分散相朝相反极性方向移动的动电现象。产生电泳现象是因为悬浮胶粒与液相接触时，胶体表面形成扩散双电层，在双电层的滑动面上产生电动电位(ζ-电位)。由于电动电位与电泳现象相关，因此，通过测定电泳速度，再经过数据处理，就可确定ζ-电位。

电泳速度与电动电位(ζ-电位)有如下关系：

$$\zeta = \frac{4\pi\eta u}{\varepsilon E} = K_T \frac{u}{E} \tag{29-1}$$

式中　ζ——电动电位，mV；

ε——分散介质的介电常数；

η——液相黏度，Pa・s；

u——电泳速度，μm/s；

E——电位梯度，V/cm；

u/E——电泳淌度；

K_T——不同温度下ζ-电位与淌度的比值，$\frac{V^2 \cdot s}{\mu m \cdot cm}$。

电泳速度反映了在选定距离内，电泳所需的时间，以单位时间内通过的距离(单位：μm/s)

表示：

$$u = l/t \tag{29-2}$$

式中 l——微粒电泳距离，μm；

t——电泳时间，s。

电位梯度 E，可由外加电场直流电压和两极间的距离来表示：

$$E = U/L \tag{29-3}$$

式中 U——外加电场直流电压，V；

L——两极间的距离，cm。

将式(29-2)、式(29-3)及 K_t 数值代入式(29-1)可求得 ζ-电位。

三、实验设备和材料

(1) 实验设备：JS94H 型微电泳仪(图 29-4)。

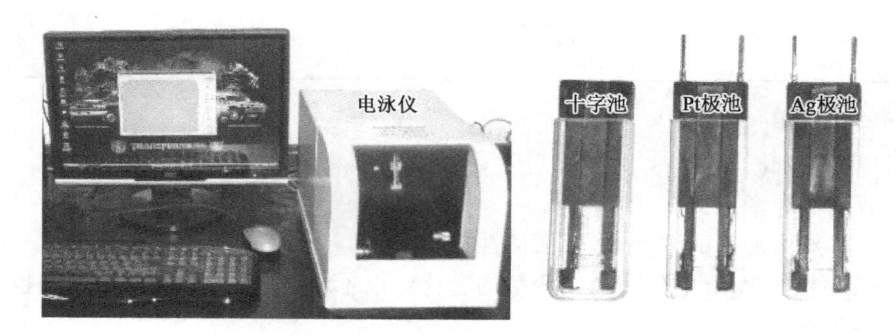

图 29-4　JS94H 型微电泳仪及样品池

(2) 实验材料：$BaTiO_3$，乳酸，氨水等。

四、实验步骤

(1) 制样，用乳酸和氨水调节 $BaTiO_3$ 溶液的 pH 值，用超声波分散器分散 2 min，用 pH 计测定 pH 值，制备不同 pH 值的 $BaTiO_3$ 溶液以备用。

(2) 打开 JS94H 微电泳仪应用程序，弹出程序主界面如图 29-5 所示。

(3) 进入主界面后点击“OPTION”菜单中的“CONNECT”选项，出现“Connect ok”，表明计算机与仪器的通信沟通成功，如出现出错信息，请检查计算机与仪器的连线。同时点击活动图像按钮，画面保持实时采集。键盘上的“{”“}”“<”“>”键可用来调节画面对比度和亮

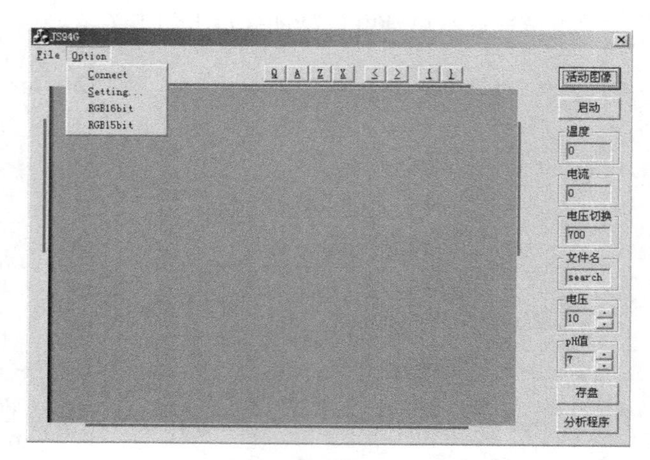

图 29-5　JS94H 微电泳仪应用程序主界面

度，以调到合适的画质。

(4) 调焦与定位(调节十字标)。用去离子水冲洗电泳杯和十字标，将被测样品注入电泳杯，插入十字标后洗涤数次，让十字标充分湿润，并排出气泡；取 0.5 mL 样品注入电泳杯中，倾斜电泳杯，缓缓插入十字标，擦拭干净电泳杯的外面，“X”记号面背向自己将电泳杯平稳放入样品槽中，轻轻按到底，切忌重压，然后连上电极连线。(注：对于 Cl^- 比较多的体系，采用 Ag 电极，一般使用 Pt 电极。)

JS94H 型微电泳仪样品台如图 29-6 所示。首先，调节上下调节旋钮，使整体画面向上移动，界面中的活动图像如图 29-7 所示。界面中不规则的物质边缘出现，此时调节前后调焦旋钮使得不规则边缘更清晰。注意：因为玻璃有两个面，所以活动图像中必须是上方不规则边缘。

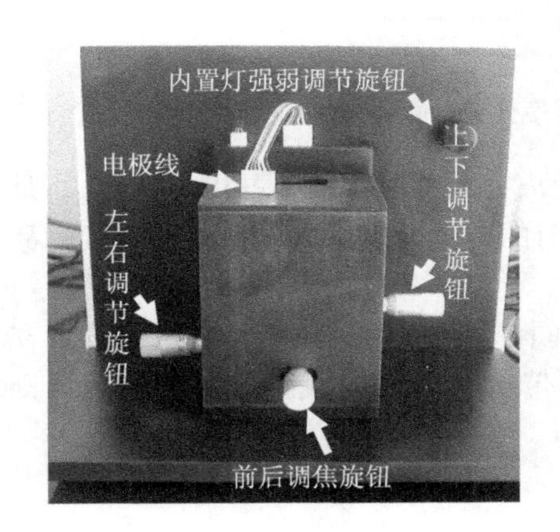

图 29-6　JS94H 型微电泳仪样品台

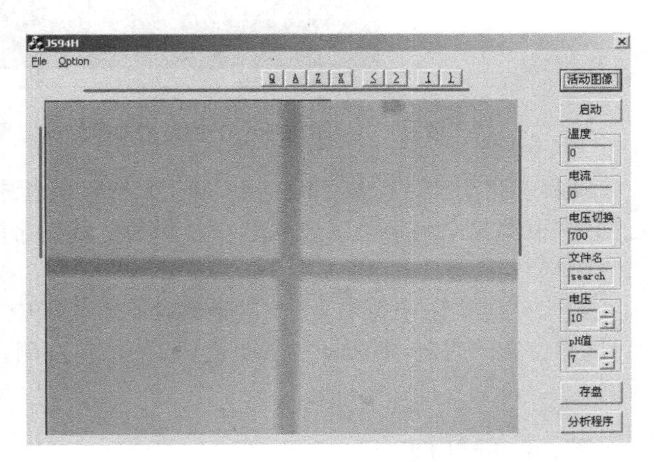

图 29-7　十字标

然后缓慢调节上下调节旋钮，使得整体画面向下移动，画面中将会出现一条横线。见到横线以后，调节左右调节旋钮，找到竖线，此时十字标出现在画面中央，调节前后调节旋钮使十字标更清晰，如图 29-7 所示。

(5) 采样操作

① 点击活动图像，按启动，图像上颗粒会随电极的切换左右移动，使待测颗粒处于取景框内，立刻按存盘，程序将截取图像供分析计算时使用。

② 存盘完成后，等待 10 s，按分析程序进入分析计算子程序界面。分析计算模块屏幕布局如图 29-8 所示。

分析区 ♯1、♯2 是两张颗粒运动灰度图像，其时间间隔由电压切换参数决定，分析区 ♯3 是 ♯1 和 ♯2 的图像相减而得到的，颗粒运动轨迹较明显，可作为定标时的参考，使用鼠标点击图中颗粒，定标数据区的光标位置会有数字显示，表明当前定标的位置。

分析图像时，首先在分析区 ♯1 内确认一个颗粒，方法是将定标线移到这个颗粒所在位置，鼠标点击确认，在定标数据区内的颗粒 0A 位置将显示所确认的位置数据。然后在分析区 ♯2 中确认同一颗粒，在定标数据区内的颗粒 0A 位置将显示所确认的位置数据，至此获得第一组数据。依次类推，可获得多至 10 组数据。

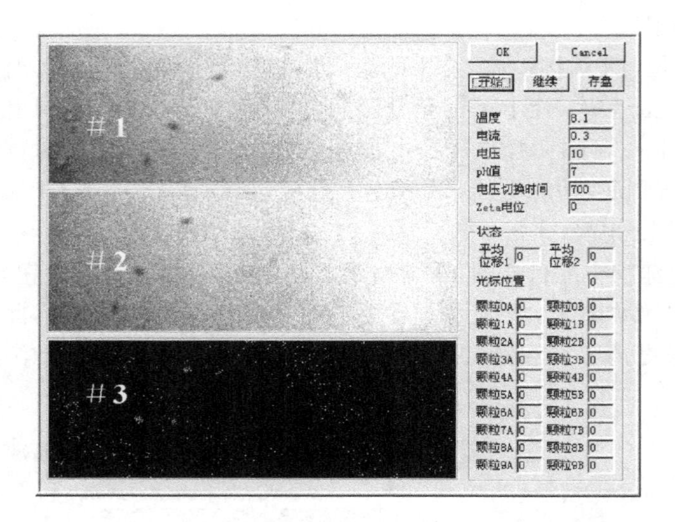

图 29-8　JS94H 型微电泳仪应用程序分析界面

观察多张图片颗粒位置的变化，就能知道颗粒电泳距离 l，而所加电压 U 和电极距离 L 是已知的，根据式(29-1)可以计算出 Zeta 电位。而所带电荷的正负可以根据颗粒相对电极的移动方向来判断。

例如：当＃3 区中符号为“＋”，观察＃1、＃2 区中相同的颗粒，如果＃2 区中颗粒位置在＃1区中位置的右侧，那么颗粒带负电；如果是在左侧，则带正电。若＃3 区中符号为“－”，则反之。

五、数据处理

(1) 记录不同 pH 值对应的颗粒的 ζ-电位。

(2) 绘制 ζ-电位-pH 值关系图。

六、思考题

(1) 影响电泳速率的因素有哪些？

(2) 影响 ζ-电位的因素有哪些？

(3) 简述利用 JS94H 型微电泳仪测量微纳米颗粒 ζ-电位的步骤。

(4) 为什么样品池内不能有气泡？

实验 30 铁磁材料磁滞回线和磁化曲线的测定

一、实验目的和要求

(1) 掌握铁磁材料磁滞回线的概念。

(2) 测定样品的基本磁化曲线,作 $B-H$ 曲线。

(3) 测定样品的 H_C, B_r, H_m和 B_m等参数。

(4) 测绘样品的磁滞回线。

二、实验原理

铁磁物质是一种性能特异、用途广泛的材料。铁、钴、镍及其众多合金以及含铁的氧化物(铁氧体)均属铁磁物质。其特性之一是在外磁场作用下能被强烈磁化,故磁导率 $\mu=B/H$ 很高。另一特征是磁滞,铁磁材料的磁滞现象是在反复磁化过程中磁场强度 H 与磁感应强度 B 之间关系的特性。即磁场作用停止后,铁磁物质仍保留磁化状态,图 30-1 为铁磁物质的 B 与 H 之间的关系曲线。

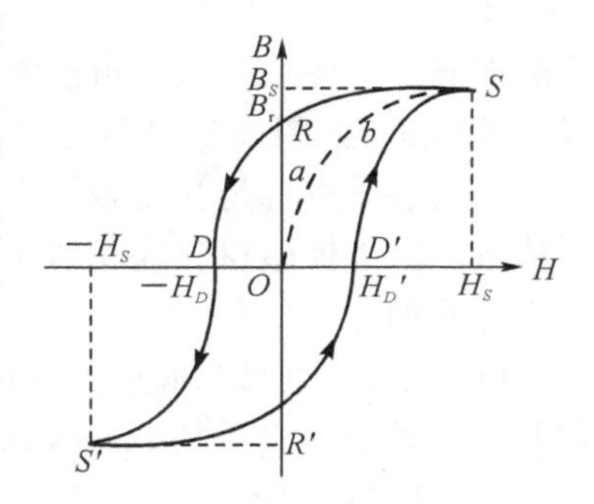

图 30-1 铁磁物质 B 与 H 的关系曲线

将一块未被磁化的铁磁材料放在磁场中进行磁化,图中的原点 O 表示磁化之前铁磁物质处于磁中性状态,即 $B=H=0$,当磁场强度 H 从零开始增加时,磁感应强度 B 随之从零缓慢上升,如曲线 Oa 所示,继之 B 随 H 迅速增长,如曲线 ab 所示,其后 B 的增长又趋缓慢,并当 H 增至 H_S时,B 达到饱和值 B_S,这个过程的 $OabS$ 曲线称为起始磁化曲线。如果在达到饱和状态之后使磁场强度 H 减小,这时磁感强度 B 的值也要减小。图 30-1 表明,当磁场从 H_S逐渐减小至 0 时,磁感应强度 B 并不沿起始磁化曲线恢复到"O"点,而是沿另一条新的曲线 SR 下降,对应的 B 值比原先的值大,说明铁磁材料的磁化过程是不可逆的过程。比较线段 OS 和 SR 可知,随着 H 减小 B 相应也减小,但 B 的变化滞后于 H 的变化,这种现象称为磁滞。磁滞的明显特征是当 $H=0$ 时,磁感应强度 B 并不等于 0,而是保留一定大小的剩磁 B_r。

当磁场反向从 0 渐变至 $-H_D$时,磁感应强度 B 消失,说明要消除剩磁,可以施加反向磁场。当反向磁场强度等于某一定值 H_D时,磁感应强度 B 才等于 0,H_D称为矫顽力,它的大小反映了铁磁材料保持剩磁状态的能力,曲线 RD 称为退磁曲线。如果再增大反向磁场的磁场强度 H,铁磁材料又可被反向磁化达到反向的饱和状态,逐渐减小反向磁铁的磁场强度至 0 时,B 减小为 B_r。这时再施加正向磁场,B 逐渐减小至 0 后又逐渐增大至饱和状态。

图 30-1 还表明,当磁场按 $H_S \to O \to -H_D \to -H_S \to O \to H_D' \to H_S$顺序变化时,相应的磁感应强度 B 则沿闭合曲线 $SRDS'R'D'S$ 变化,可以看出磁感应强度 B 的变化总是滞后于磁场强

度 H 的变化,这条闭合曲线称为磁滞回线。当铁磁材料处于交变磁场中(如变压器中的铁芯)时,将沿磁滞回线反复被磁化→去磁→反向磁化→反向去磁。磁滞是铁磁材料的重要特性之一,研究铁磁材料的磁性就必须知道它的磁滞回线。不同铁磁材料有不同的磁滞回线,主要是由于磁滞回线的宽度不同和矫顽力大小不同。

铁磁材料在交变磁场作用下反复磁化时会发热,要消耗额外的能量,因为反复磁化时磁体内分子的状态不断改变,所以分子振动加剧,温度升高。使分子振动加剧的能量是产生磁场的交流电源供给的,并以热的形式从铁磁材料中释放,将这种在反复磁化过程中能量的损耗称为磁滞损耗,理论和实践证明,磁滞损耗与磁滞回线所围面积成正比。

应该说明的是,初始状态为 $H=B=0$ 的铁磁材料,在交变磁场强度由弱到强依次进行磁化,可以得到面积由小到大向外扩张的一簇磁滞回线,如图 30-2 所示,这些磁滞回线顶点的连线称为铁磁材料的基本磁化曲线。

基本磁化曲线上点与原点连线的斜率称为磁导率,由此可近似确定铁磁材料的磁导率 $\mu=\dfrac{B}{H}$,它表征在给定磁场强度条件下单位 H 所激励出的磁感应强度 B,直接表示材料磁化性能强弱。从磁化曲线上可以看出,因 B 与 H 非线性,铁磁材料的磁导率 μ 不是常数,而是随 H 而变化的,如图 30-3 所示。当铁磁材料处于磁饱和状态时,磁导率减小得较快。曲线起始点对应的磁导率称为初始磁导率,磁导率的最大值称为最大磁导率,这两者反映了 μ-H 曲线的特点。另外铁磁材料的相对磁导率 $\mu_0=B/B_0$ 可高达数千乃至数万,这一特点是它用途广泛的主要原因之一。

可以说磁化曲线和磁滞回线是铁磁材料分类和选择的主要依据,图 30-4 所示为常见的两种典型的磁滞回线。其中,软磁材料的磁滞回线狭长、矫顽力小($<10^2$ A/m),剩磁和磁滞损耗均较小,磁滞特性不显著,可以近似地用它的起始磁化曲线来表示其磁化特性,这种材料容易磁化,也容易退磁,是制造变压器、继电器、电机、交流磁铁和各种高频电磁元件的主要材料。而硬磁材料的磁滞回线较宽,矫顽力大($>10^2$ A/m),剩磁强,磁滞回线所包围的面积较大,磁滞特性显著,因此硬磁材料经磁化后仍能保留很强的剩磁,并且这种剩磁不易消除,可用来制造永磁体。

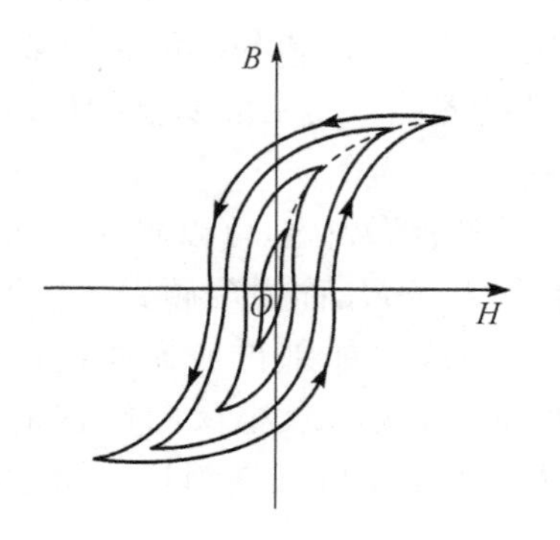

图 30-2 铁磁材料的基本磁化曲线

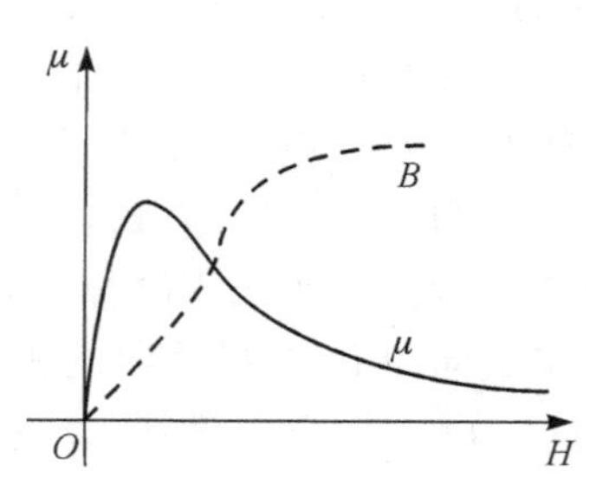

图 30-3 铁磁材料 μ-H 曲线

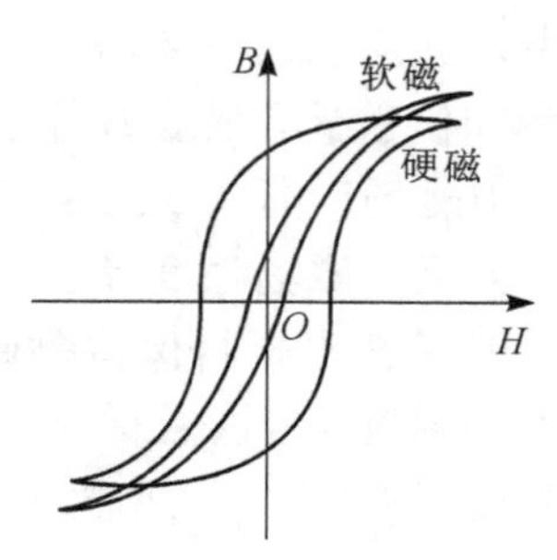

图 30-4 不同铁磁材料的磁滞回线

三、实验设备和材料

U19720 型磁性动态分析系统（图 30-5），环形、U 形、E 形等形状的磁性材料，电子天平，游标卡尺。

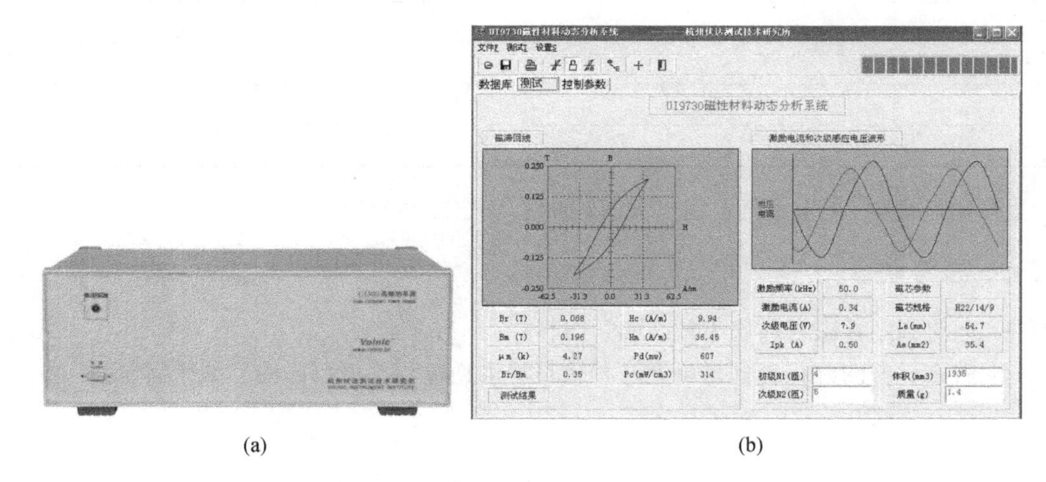

(a)　　　　　　　　　　　　　　　　(b)

图 30-5　U19720 型磁性动态分析系统

(a)主机；(b)软件界面

四、实验内容和步骤

(1) 打开功放电源和测试主机的电源。

(2) 根据样品磁芯的尺寸大小，确定导线环绕磁芯的匝数：小尺寸磁芯建议使用 3 匝，大尺寸根据情况增加匝数。

(3) 根据功放最大输出匹配原理，初级匝数一般为 3～10 匝，次级匝数一般等同初级匝数。另外，功放最大输出电流为 2 A，最大输出电压为 20 V，输出频率最高为 100 kHz，测试时不允许超出上述极限值。

(4) 启动计算机程序，调整电流、频率，使电流、频率达到要求值。

(5) 在计算机端选择磁芯规格，输入初级匝数、次级匝数，根据需要，输入磁芯质量和体积。

(6) 用鼠标点击测试图标，开始测试。

(7) 存储数据。

(8) 关掉功放电源和测试主机的电源，关掉总电源。

五、实验注意事项

(1) 测试主机需要开机预热 5 min。

(2) 不得带电插拔通信线。

六、实验报告

将实验数据记录在表 30-1 中。

表 30-1 实验数据

U /V	$H\times10^{-4}$/(A/m)	$B\times10^{-2}$/T	μ/(H/m)

根据实验数据,在坐标纸上画出 B-H 曲线,确定磁性参数。

七、思考题

(1) 如何判断铁磁材料属于软、硬磁性材料?

(2) 铁磁材料的磁化过程是可逆过程还是不可逆过程?试用磁滞回线来解释。

实验 31　铁磁材料高温居里点的测定

一、实验目的和要求

(1) 初步了解铁磁物质由铁磁性转变为顺磁性的微观机理。

(2) 学习测定铁磁物质居里温度的原理和方法。

(3) 测定铁磁物质的居里温度。

二、实验原理

在铁磁性物质中，相邻原子间存在着非常强的交换耦合作用，这个相互作用促使相邻原子的磁矩平行排列起来，形成一个自发磁化达到饱和状态的区域，这个区域的体积约为10^{-8} m^3，称为磁畴。

在没有外磁场作用时，不同磁畴的取向各不相同，如图 31-1 所示。因此，对整个铁磁物质来说，任何宏观区域的平均磁矩为零，铁磁物质不显示磁性。当有外磁场作用时，不同磁畴的取向趋于外磁场的方向，任何宏观区域的平均磁矩不再为零，且随着外磁场的增大而增大。当外磁场增大到一定值时，所有磁畴沿外磁场方向整齐排列，如图 31-2 所示。任何宏观区域的平均磁矩达到最大值，铁磁物质显示出很强的磁性，此时即铁磁物质被磁化了。铁磁物质的磁导率 μ 远远大于顺磁物质的磁导率。

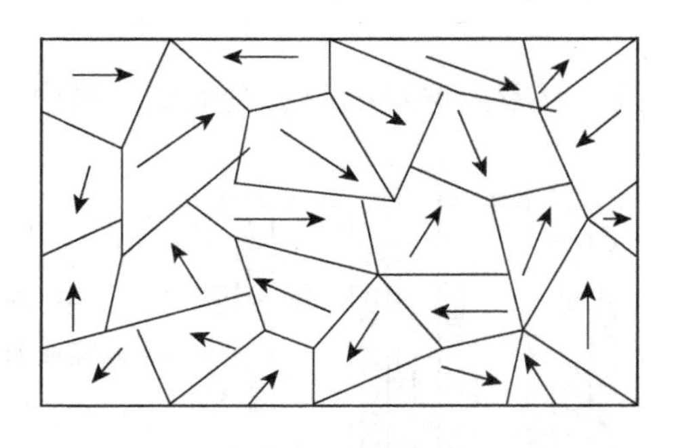

图 31-1　无外磁场作用的磁畴

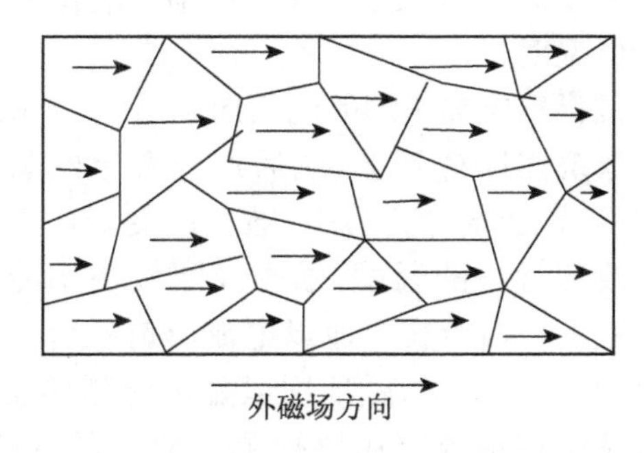

图 31-2　在外磁场作用下的磁畴

铁磁物质被磁化后具有很强的磁性，但这种强磁性是与温度有关的。随着铁磁物质温度的升高，金属点阵热运动的加剧会影响磁畴磁矩的有序排列。但在未达到一定温度时，热运动不足以破坏磁畴磁矩基本的平行排列，此时任何宏观区域的平均磁矩仍不为零，物质仍具有磁性，只是平均磁矩随温度升高而减小。而当与 kT(k 是玻尔兹曼常数，T 是绝对温度）成正比的热运动能足以破坏磁畴磁矩的整齐排列时，磁畴被瓦解，平均磁矩降为零，铁磁物质的磁性消失而转变为顺磁物质，相应的铁磁物质的磁导率转化为顺磁物质的磁导率。居里温度就是对应于这一磁性转变时的温度。任何区域的平均磁矩称为自发磁化强度，用 M_1 表示。一般自发磁化强度与饱和磁化强度 M 很接近，可用饱和磁化强度近似代替自发磁化强度，根据饱和磁化强度随温度变化的特性来判断居里温度。

同物质的熔点温度一样，不同材料的居里温度是不同的，有些高达 1 000 K 以上，有些则只有几百 K 左右，例如钴、铁、镍的居里温度分别为 1 393 K、1 043 K 和 631 K。

由居里温度的定义可知，要测定铁磁物质的居里温度，其测定装置必须具备四个功能：提供使样品磁化的磁场；改变铁磁物质温度的温控装置；判断铁磁物质磁性是否消失的判断装置；测量铁磁物质磁性消失时所对应温度的测温装置。以上四个功能可由图 31-3 所示的系统装置来实现。

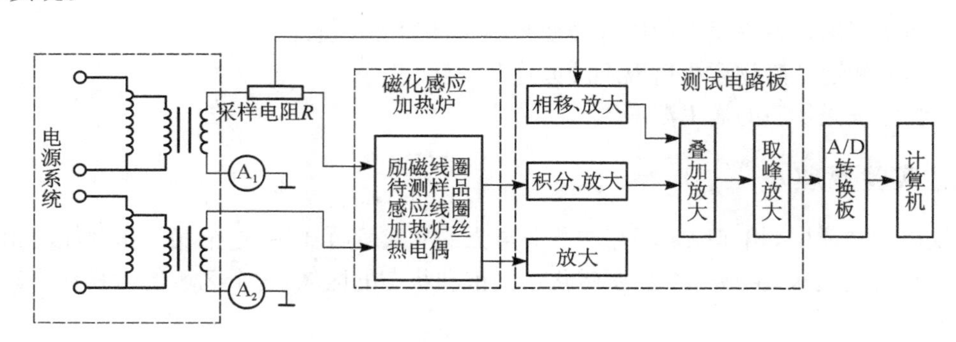

图 31-3 测量居里温度装置示意图

磁化感应加热炉实现测量条件前两条所要求的功能，并为测试板提供所需的信号。热电偶实现测量条件的第四个功能，测试电路板对来自励磁回路、感应回路、热电偶的信号进行适当的处理并将其送入 A/D 转换板中，A/D 转换板将模拟信号转换成数字信号送入计算机中，计算机的软件系统自动查寻接收到的温差电动势 ε 所对应的温度 T，并根据由磁场强度 H、磁感应强度 B 合成的信号 M'(准饱和磁化强度，它的定义在后面介绍)随温度 T 变化的特性，确定居里温度 T_C。

磁化感应加热炉的剖面图如图 31-4 所示，待测样品及测温热电偶放在陶瓷管的中心，加热炉丝绕在陶瓷管上，然后用硅酸铝绝热毡将其包裹，置于水冷套管中，通过改变炉丝中的电流来改变管中的温度，励磁线圈绕在水冷套管的外壁上。当给其中通以电流时就在管的中心线上产生一均匀的磁场用以磁化待测样品。感应线圈绕在最外层用以探测总磁场的变化，为居里温度的判断提供必需的信息。水冷套的作用是保护励磁线圈及感应线圈不被加热炉的高温烧坏。

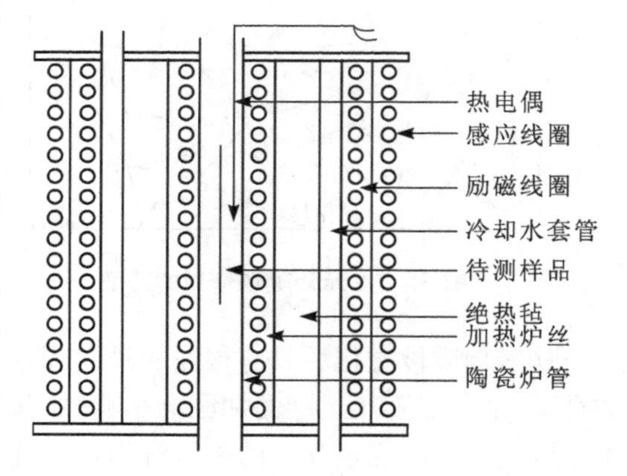

图 31-4 磁化感应加热炉的剖面图

励磁线圈在管中心轴线上所产生的磁场强度 H 与磁化电流 I 成正比，而磁化电流 I 又与采样电阻 R 上的电压成正比，这样采样电阻上取出的电压就与磁场强度 H 成正比，以 U_R 表示 H 的近似值送入测试电路板中，测试电路的相移电路对 H 进行适当移相后作为判断居里温度的信息之一。

当感应线圈所在空间的磁性发生变化时，在感应线圈中就会产生感应电动势，由电磁感应定律有

$$\varepsilon = \frac{d\phi}{dt} = -NS\frac{dB}{dt} \tag{31-1}$$

式中　S——线圈的面积；

N——线圈的匝数。

将此感应电动势 ε 送入测试电路板中，测试电路板的积分电路将对 ε 求时间积分得

$$B = -\frac{1}{NS}\int \varepsilon dt \tag{31-2}$$

故由积分电路输出的信号即正比于总的磁感应强度 B，将它作为判断居里温度的信息之二。

下面根据磁感应强度 B、磁场强度 H 随待测样品磁性变化的情况判断居里温度。

H 及 B 随样品磁性变化的情况（用 H_m、B_m 分别表示它们的峰值）如下。

（一）室温放样品前后 H、B 的变化

（1）放样品前：放样品前的磁场强度和磁感应强度分别用 H_1 和 B_1 表示。通过调节相移放大电路及积分放大电路使 H_1 和 B_1 相位相反，且满足：

$$B_{1m}/\mu_0 - H_{1m}\cos\varphi_1 = 0 \tag{31-3}$$

式中　μ_0——真空磁导率；

φ_1——放入样品后由于铁磁物质的滞后所引起的磁场强度与磁感应强度间的附加相位差，在此应为零，即 $\varphi_1 = 0$。

（2）放样品后：放样品后的磁场强度和磁感应强度分别用 H_2 和 B_2 表示。在样品放入炉子后，对励磁线圈来说，阻抗增加。因此，在电源电压不变的情况下，励磁电流 I 减小，故 $H_2 < H_1$。而对感应线圈来说，磁导率增大（铁磁物质的磁导率远大于空气的磁导率），故 $B_2 > B_1$，并且由于铁磁物质的磁滞特性，B_2 与 H_2 不再是完全反相的，而是有一附加的相位差 φ_2（$\varphi_2 \ll \pi/2$），即有

$$B_{2m}/\mu_0 - H_{2m}\cos\varphi_2 = C_1 \tag{31-4}$$

式中，C_1 为大于零的常数。

（二）放样品加温后 B、H 的变化

加温后的磁场强度和磁感应强度分别用 H_3 和 B_3 表示。

（1）当炉温高于室温而低于但接近居里温度的某一特殊温度（用 T' 表示这一特殊温度）时：在开始升温到接近居里温度 T' 的这一温度范围内，由于铁磁性基本稳定，故 H_3、B_3 及 φ_3 均保持不变，$B_3 = B_2$，$H_3 = H_2$，$\varphi_3 = \varphi_2$，故

$$B_{3m}/\mu_0 - H_{3m}\cos\varphi_3 = C_1 \tag{31-5}$$

（2）当炉温接近居里温度 T' 但未达到居里温度时：在接近居里温度但仍低于居里温度的这一小的温度区域内，由于这时铁磁物质开始向顺磁物质转变，故随着温度的升高磁导率 μ 逐渐减小，B、H 间的相位差 φ 也逐渐减小，因而 B_3 逐渐减小，H_3 逐渐增大，且它们之间的相位差不再是常数，而是随温度变化的，故 $B_{3m}(T)/\mu_0 - H_{3m}(T)\cos\varphi_3(T)$ 将随温度的升高逐渐减小，即

$$B_{3m}(T)/\mu_0 - H_{3m}(T)\cos\varphi_3(T) = C(T) \tag{31-6}$$

(3) 当炉温达到居里温度时，铁磁性完全消失而呈现出顺磁性，铁磁物质的磁导率转变为顺磁物质的磁导率，故 $B_3(T_C) \to B_1 + \Delta B$，$H_3(T_C) \to H_1 + \Delta H$，$\varphi_3(T_C) = 0$，$\Delta B$ 和 ΔH 均为接近零的正数，它们体现了有无顺磁性物质时 B、H 的变化，则

$$B_{3m}(T_C)/\mu_0 - H_{3m}(T_C)\cos\varphi(T_C) = \Delta B/\mu_0 + \Delta H = C_2 \tag{31-7}$$

式中，C_2 为大于零的常数，且 $C_1 \gg C_2 \approx 0$。

(4) 炉温超过居里温度后，由于顺磁性基本稳定，故 B 和 H 都是稳定而不再变化的，因而式(31-7)始终成立。

根据以上分析，在有无样品，是否加温的不同条件下，$B_m/\mu_0 - H_m\cos\varphi$ 的变化规律可用以下分段函数表示：

$$B_m/\mu_0 - H_m\cos\varphi = \begin{cases} 0 & [\text{室温，无样品}] \\ C_1 & (\text{正常数})[T \leqslant T'\text{，有样品}] \\ C(T) & [T' < T < T_C\text{，有样品}] \\ C_2 & (C_1 \gg C_2 \approx 0)[T \geqslant T_C\text{，有样品}] \end{cases}$$

若令 $B_m/\mu_0 - H_m\cos\varphi = M'$，并称 M' 为准饱和磁化强度(因为它与饱和磁化强度在物理意义及随温度变化的关系方面有极大的相似之处)。则通过测量准饱和强度 M' 随温度的变化关系曲线，找出 M'-T 曲线上 M' 刚开始等于 C_2 的点所对应的温度，此温度即为居里温度。

M' 是通过测试电路板中的叠加放大和取峰放大电路对 B、H 进行处理后得到的。

三、实验设备和材料

待测样品，热电偶，JLD—Ⅲ型高温居里点测试仪，磁化感应加热炉，水冷循环系统。

四、实验内容和步骤

(1) 按图 31-5 连接好线路。

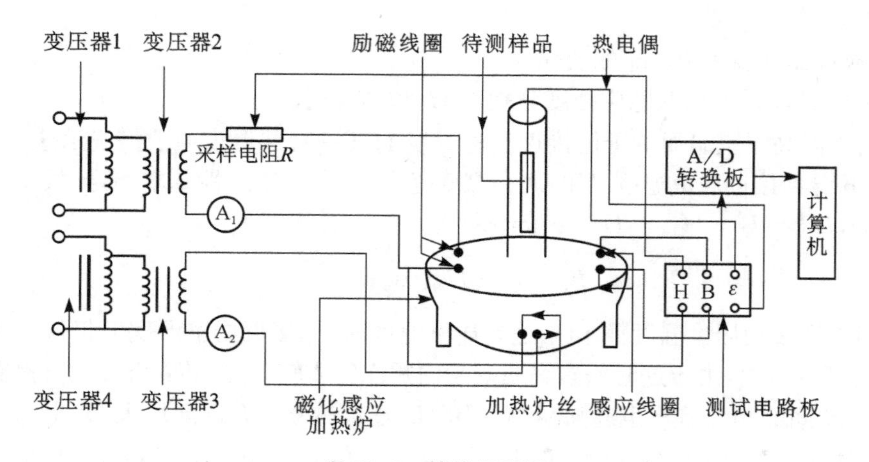

图 31-5　接线示意图

(2) 接通变压器 1 和测试电路板的电源，调节变压器 1 使 Ⓐ₁ 中所示的励磁电流为

0.5 A。

(3) 将待测样品和热电偶同时插入加热炉的中心。

(4) 接通冷却水源。

(5) 接通计算机的电源并运行测试软件，屏幕上即出现 M'-T 曲线，然后根据提示输入实验室的温度值。

(6) 接通加热电源，每隔 5 min 调节一次变压器 4 的电压，使由 $Ⓐ_2$ 所示的加热电流由 0 逐渐增加到 1.8 A(每次电流变化量为 0.2 A)。

(7) 观察 M'-T 曲线的变化情况，记下 M' 刚开始接近 0 时所对应的温度值，此值即为所测的居里温度。

(8) 调节变压器 2 使加热电流降到 0，炉子开始降温，当温度降到低于居里温度时，再增加加热电流至 1.8 A，重复步骤(7)，如此重复 3～4 次。

(9) 将变压器 4 的输出电压降至 0，并关闭其电源，待炉温降到低于 300℃时关闭冷却水。

(10) 将变压器 1 的输出电压调至 0，关闭其电源和测试电路板的电源。

(11) 退出测试软件系统，关闭计算机。

五、实验注意事项

(1) 待测样品须为薄片状，且其几何尺寸与加热炉的几何尺寸相比应小得多。

(2) 待测样品和热电偶的测温端应放在炉子的中心。

(3) 避免装置周围有强的电磁场干扰。

六、实验报告

将各次测量所得的居里温度求平均值，并与标准值进行比较，求出其相对百分误差。

七、思考题

(1) 试分析样品和热电偶的测温端不在炉子中心位置时对测量结果的影响。

(2) 采样电阻 R 有什么作用?

实验 32　钙钛矿结构氧化物的巨磁电阻效应

一、实验目的和要求

(1) 了解 GMR(Giant Magnetio Resistive)效应的原理。

(2) 测量 GMR 的磁阻特性。

(3) 通过实验了解磁记录与读出的原理。

二、实验原理

(一) GMR 效应的原理

根据导电的微观机理,金属中电子在导电时并不是沿电场直线前进的,而是不断与处于晶格位置的原子产生碰撞(又称散射),每次散射后电子都会改变运动方向,总的运动是电场对电子的定向加速和随机散射运动的叠加。电子在两次散射之间运动的平均路程称为平均自由程,电子散射的概率越小,平均自由程就越长,电阻率就越低。欧姆定律 $R=\rho l/S$ 应用于宏观材料时,通常忽略边界效应,把电阻率 ρ 视为常数。当材料的几何尺度小到纳米量级,只有几个原子的厚度时(例如铜原子的直径约为 0.3 nm),电子在边界上的散射概率大大增加,可以明显观测到厚度减小、电阻率增加的现象。电子具有自旋特性,在外磁场中电子自旋磁矩的方向平行或反平行于磁场方向。在一些铁磁材料中,自旋磁矩与外磁场平行的电子散射概率,远小于与外磁场反平行的电子。材料的总电阻相当于两类电子各自单独存在时的电阻的并联。这个电阻直接影响材料中的总电流。即材料的总电流是两类自旋电子电流之和,总电阻是两类自旋电子电流的并联电阻,这就是两电流模型。

如图 32-1 所示,多层 GMR 结构中,无外磁场时,上、下两层铁磁膜的磁矩是反平行(反铁磁)耦合的——因为这样能量最小。在足够强的外磁场作用下,铁磁膜的磁矩方向都与外磁场方向一致,外磁场使两层铁磁膜从反平行耦合变成了平行耦合。

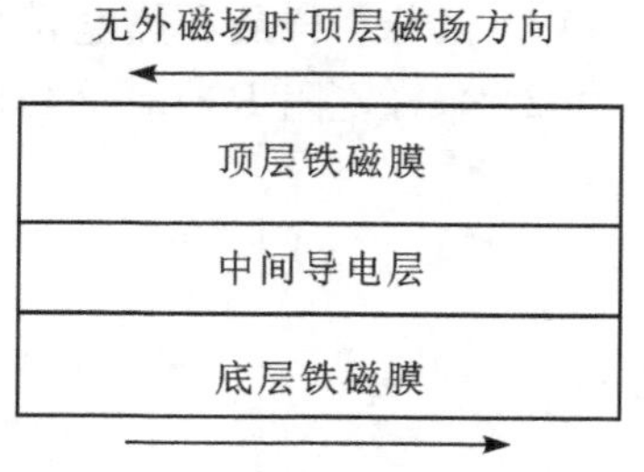

图 32-1　多层膜 GMR 结构图

有两类与自旋相关的散射对巨磁电阻效应有贡献,分别介绍如下。

1. 界面上的散射

无外磁场时,上、下两层铁磁膜的磁场方向相反,无论电子的初始自旋状态如何,从一层铁磁膜进入另一层铁磁膜时都面临状态改变(平行→反平行或反平行→平行),电子在界面上的散射概率很大,对应于高电阻状态,有外磁场时,上、下两层铁磁膜的磁场方向一致,电子在界面上的散射概率很小,对应于低电阻状态。

2. 铁磁膜内的散射

由于无规散射,电子也有一定的概率在上、下两层铁磁膜之间穿行。无外磁场时,上、下两层铁磁膜的磁场方向相反,无论电子的初始自旋状态如何,在穿行过程中都会经历散射概率小(平行)和散射概率大(反平行)两种过程,两类自旋电子电流的并联电阻类似于两个中等阻值

的电阻的并联，对应于高电阻状态。有外磁场时，上、下两层铁磁膜的磁场方向一致，自旋平行的电子散射概率小，自旋反平行的电子散射概率大，两类自旋电子电流的并联电阻类似于一个小电阻与一个大电阻的并联，对应于低电阻状态。

图 32-2 所示是图 32-1 结构的一种 GMR 材料的磁阻特性。由图中正向磁场方向可见，随着外磁场增大，电阻逐渐减小（图中实线），其间有一段线性区域。当外磁场已使两铁磁膜磁场方向完全平行耦合后，继续加大磁场，电阻不再减小，达到磁饱和状态；从磁饱和状态开始减小磁场，电阻将逐渐增大（图中虚线）。两条曲线不重合是因为铁磁材料具有的磁滞特性。加反向磁场与加正向磁场时的磁阻特性是对称的，如图 32-2 所示，两条曲线分别对应增大磁场和减小磁场时的磁阻特性。

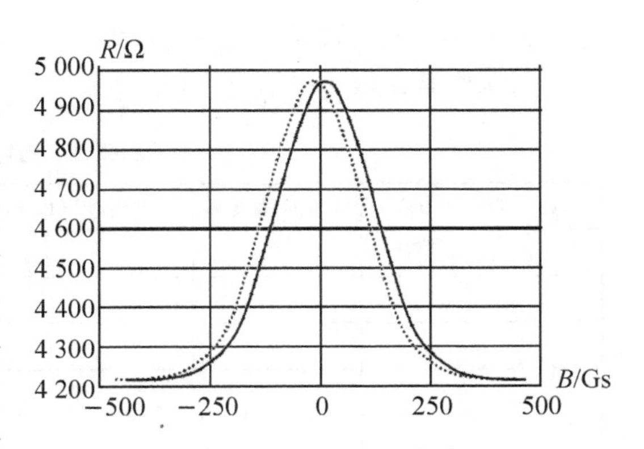

图 32-2　磁阻特性曲线

（二）**GMR** 磁阻特性测量

将 GMR 置于螺线管磁场中，如图 32-3 所示，磁场方向平行于膜平面，磁阻两端加上恒定电压。GMR 铁磁膜初始磁化方向垂直于磁场方向，调节线圈电流，从正到负逐渐减小磁感应强度，记录磁阻电流并计算磁阻。然后再逐渐增加磁感应强度，记录对应数值。不同外磁场强度时电阻的变化反映了 GMR 的磁阻特性，同一外磁场强度下磁阻的差值反映了材料的磁滞特性。

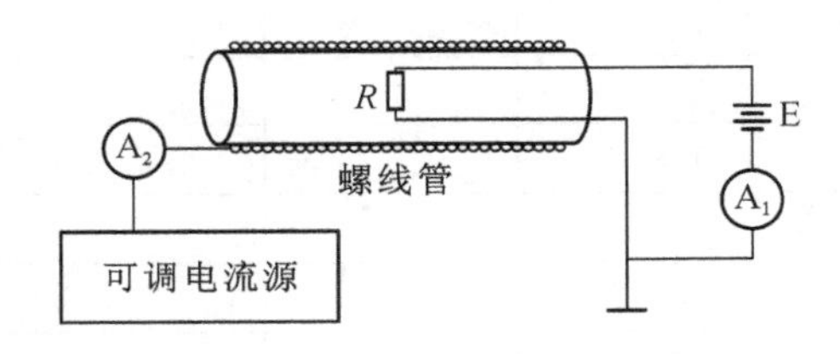

图 32-3　磁阻特性测量实验原理图

三、实验设备和材料

巨磁电阻效应及应用实验仪，基本特性组件，电流测量组件。

四、实验内容和步骤

(1) 将 GMR 模拟传感器置于螺线管内中心位置，将功能切换按钮切换为“巨磁阻测量”。

(2) 将实验仪的“电路供电”接到基本测量组件的“电路供电”；“巨磁电阻供电”串联电流表后接到基本测量组件的“巨磁电阻供电”；恒流输出接到基本测量组件的“螺线管电流输入”。

(3) 打开电源，调节“恒流调节”旋钮，使螺线管电流逐步从 100 mA → 0 → −100 mA → 0 → 100 mA（负值电流可由交换电流源输出接线的极性获得），记录一系列 A_2 与相应的 A_1 表读数。

(4) 调节“恒流调节”旋钮，使恒流输出归零，关闭实验测试仪电源。

五、实验注意事项

(1) 由于巨磁阻传感器具有磁滞现象，因此在实验中，恒流源只能单方向调节，不可回调，否则测得的实验数据将不准确。

（2）实验过程中，实验环境不得处于强磁场中。

六、实验报告

（一）GMR的磁电转换特性测量

将实验数据记录到表32-1中。

表32-1 磁电转换特性测量数据 磁阻两端电压4 V

励磁电流 I_1/mA	磁感应强度 B	输出电压 U/mV	励磁电流 I_1/mA	磁感应强度 B	输出电压 U/mV
100					
89.9					
80					
69.7					
60					
49.8					
40					
30					
20					
15					
10					
5					
0					
−5					
−10					
−15.1					
−20					
−30.1					
−40.7					
−50.2					
−60					
−76.8					
−80.1					
−90					
−100					

磁电转换特性

$$磁频率\ \mu = 4\pi \times 10^{-7}\ \mathrm{H/m},\ n = 24\ 000\ \mathrm{T/m}$$

$$B = \mu n I \tag{32-1}$$

将输出电压与磁感应强度 B 之间的关系曲线绘制在图32-4中。

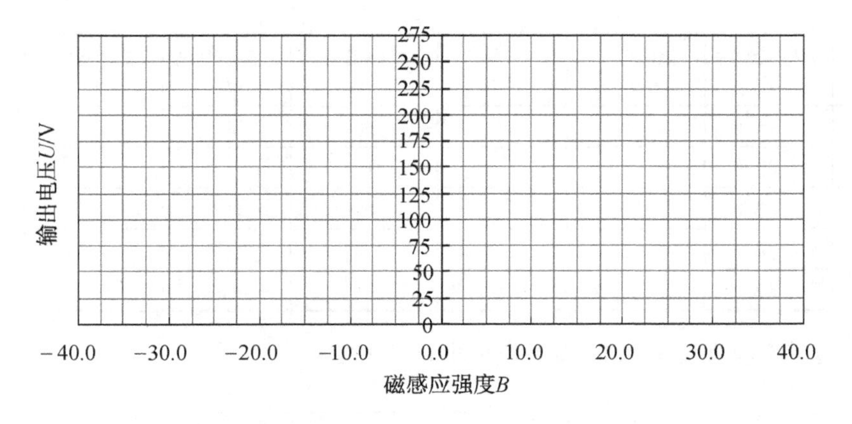

图 32-4　磁感应强度 B 与输出电压 U 之间的关系曲线

（二）GMR 磁阻特性测量

由式(32-3)可得磁感应强度 B，巨磁阻两端电压为 4 V，则由欧姆定律可得磁阻 R。将数据记录到表 32-2 中。

表 32-2　磁阻特性测量数据　　　　磁阻两端电压 4 V

励磁电流 I_1/mA	磁感应强度 B	磁阻电流 I/mA	磁阻 R/Ω	励磁电流 I_1/mA	磁感应强度 B	磁阻电流 I/mA	磁阻 R/Ω
100	30.1			−100	−30.1		
90	27.1			−90	−27.1		
80	24.1			−80	−24.1		
69.5	21.0			−70	−21.1		
60	18.1			−60	−18.1		
49.8	15.0			−50	−15.1		
39.1	11.8			−40.1	−12.1		
30	9.0			−30	−9.0		
20	6.0			−19.8	−6.0		
14.8	4.5			−15	−4.5		
10	3.0			−10	−3.0		
5	1.5			−5	−1.5		
0	0.0			0	0.0		
−5.1	−1.5			5	1.5		
−10.1	−3.0			10	3.0		
−15	−4.5			15.3	4.6		
−20.2	−6.1			20	6.0		
−30.5	−9.2			30	9.0		
−40.1	−12.1			40.1	12.1		
−50	−15.1			50	15.1		

续表

励磁电流 I_1/mA	磁感应强度 B	磁阻电流 I/mA	磁阻 R/Ω	励磁电流 I_1/mA	磁感应强度 B	磁阻电流 I/mA	磁阻 R/Ω
−60	−18.1			60	18.1		
−70.1	−21.1			70	21.1		
−80	−24.1			80	24.1		
−90	−27.1			90	27.1		
−100	−30.1			100	30.1		

将磁阻与磁感应强度关系曲线绘制在图 32-5 中。

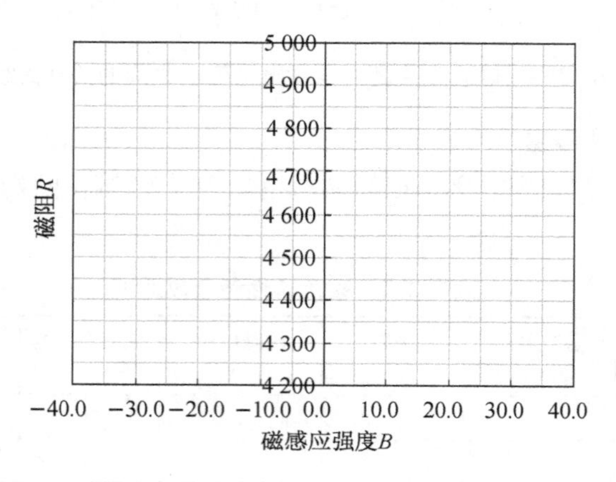

图 32-5 *R-B* 的关系曲线

七、思考题

什么是巨磁电阻效应?

实验 33　四探针法测量硅膜的电阻

一、实验目的

(1) 掌握四探针法测量电阻率和薄层电阻的原理及测量方法。

(2) 了解影响电阻率测量的各种因素及改进措施。

二、实验原理

电阻率的测量是半导体材料常规参数测量项目之一。测量电阻率的方法很多，如三探针法、电容-电压法、扩展电阻法等。四探针法则是一种广泛采用的标准方法，在半导体工艺中最为常用。

(一) 半导体材料体电阻率测量原理

在半无穷大样品上的点电流源，若样品的电阻率 ρ 均匀，引入点电流源的探针其电流强度为 I，则所产生的电场具有球面的对称性，即等位面为一系列以点电流为中心的半球面，如图 33-1 所示。在以 r 为半径的半球面上，电流密度 j 的分布是均匀的：

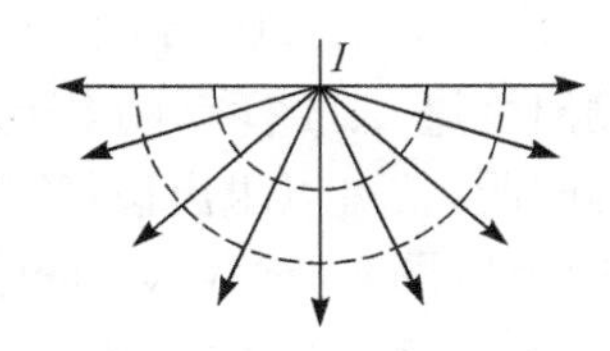

图 33-1　点电流源电场分布

若 E 为 r 处的电场强度，则

$$E = j\rho = \frac{I\rho}{2\pi r^2} \tag{33-1}$$

由电场强度和电位梯度以及球面对称关系，则

$$E = -\frac{d\psi}{dr} \tag{33-2}$$

$$d\psi = -E dr = -\frac{I\rho}{2\pi r} dr \tag{33-3}$$

取 r 为无穷远处的电位为零，则

$$\int_0^{\psi(r)} d\psi = \int_\infty^r -E dr = \frac{-I\rho}{2\pi}\int_\infty^r \frac{dr}{r^2} \tag{33-4}$$

$$\psi(r) = \frac{\rho I}{2\pi r} \tag{33-5}$$

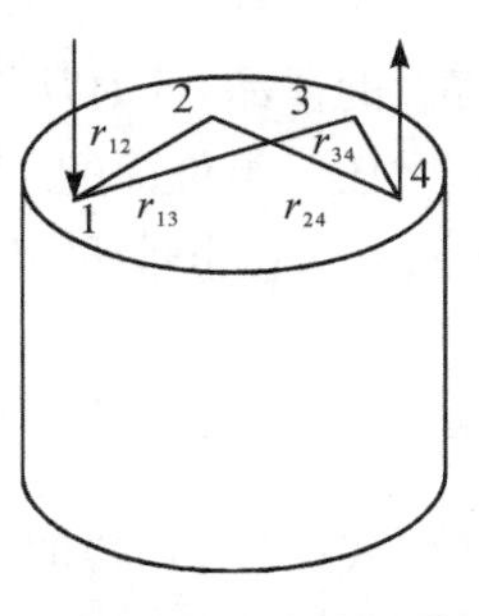

图 33-2　任意位置的四探针

式(33-5)就是半无穷大均匀样品上离开点电流源距离为 r 的点的电位与探针流过的电流和样品电阻率的关系式，它反映了一个点电流源对距离 r 处的点的电势的贡献。

对如图 33-2 所示的情形，四根探针位于样品中央，电流从探针 1 流入，从探针 4 流出，则可将探针 1 和 4 认为是点电流源，由式(33-5)

可知，探针 2 和 3 的电位为：

$$\psi_2 = \frac{I\rho}{2\pi}\left(\frac{1}{r_{12}} - \frac{1}{r_{24}}\right) \tag{33-6}$$

$$\psi_3 = \frac{I\rho}{2\pi}\left(\frac{1}{r_{13}} - \frac{1}{r_{34}}\right) \tag{33-7}$$

探针 2、3 的电位差为

$$\psi_{23} = \psi_2 - \psi_3 = \frac{\rho I}{2\pi}\left(\frac{1}{r_{12}} - \frac{1}{r_{24}} - \frac{1}{r_{13}} - \frac{1}{r_{34}}\right) \tag{33-8}$$

由此可得出样品的电阻率为

$$\rho = \frac{2\pi\psi_{23}}{I}\left(\frac{1}{r_{12}} - \frac{1}{r_{24}} - \frac{1}{r_{13}} + \frac{1}{r_{34}}\right)^{-1} \tag{33-9}$$

式(33-9)就是利用直流四探针法测量电阻率的普遍公式。我们只需测出流过 1、4 探针的电流 I 以及 2、3 探针间的电位差 ψ_{23}，代入四根探针的间距，就可以求出该样品的电阻率 ρ。实际测量中，最常用的是直线型四探针(图 33-3)，即四根探针的针尖位于同一直线上，并且间距相等，设 $r_{12} = r_{23} = r_{34} = s$，则有

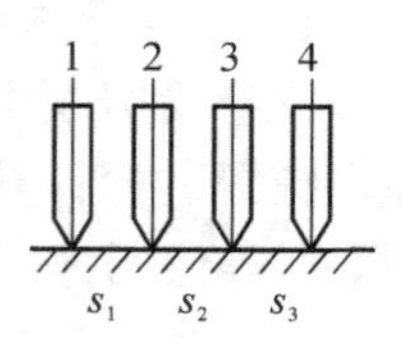

图 33-3 四探针法测量原理图

$$\rho = \frac{\psi_{23}}{I}2\pi s \tag{33-10}$$

式中，s 为相邻两探针 1 与 2、2 与 3、3 与 4 之间的距离。

需要指出的是：式(33-10)是在半无限大样品的基础上导出的，实用中必须满足样品厚度及边缘与探针之间的最短距离大于四倍探针间距，这样才能使该式具有足够的精确度。

如果被测样品不是半无穷大，而是厚度，横向尺寸一定，进一步的分析表明，在四探针法中只要对公式引入适当的修正系数 B_0 即可，此时：

$$\rho = \frac{\psi_{23}}{IB_0}2\pi s$$

另一种情况是极薄样品，极薄样品是指样品厚度 d 比探针间距小很多，而横向尺寸为无穷大的样品，这时从探针 1 流入和从探针 4 流出的电流，其等位面近似为圆柱面高为 d。

任一等位面的半径设为 r，类似于上面对半无穷大样品的推导，很容易得出当 $r_{12} = r_{23} = r_{34} = s$ 时，极薄样品的电阻率为

$$\rho = \left(\frac{\pi}{\ln 2}\right)d\frac{\psi_{23}}{I} = 4.532\ 4d\frac{\psi_{23}}{I} \tag{33-11}$$

式(33-11)说明，对于极薄样品，在等间距探针情况下，探针间距和测量结果无关，电阻率和被测样品的厚度 d 成正比。

就本实验而言，当 1、2、3、4 四根金属探针排成一直线且以一定压力压在半导体材料上

时，在1、4两处探针间通过电流 I，则2、3探针间产生电位差 ψ_{23}。

材料电阻率：

$$\rho = \frac{\psi_{23}}{I} 2\pi s = \frac{\psi_{23}}{I} C \tag{33-12}$$

式中，就本实验而言，$s = 1$ mm，$C \approx 6.28$ mm ± 0.05 mm。

若电流取 $I = C$ 时，则 $\rho = \psi$，可由数字电压表直接读出。

(二) 扩散层薄层电阻(方块电阻)的测量

半导体工艺中普遍采用四探针法测量扩散层的薄层电阻，如图33-4所示，由于反向PN结的隔离作用，扩散层下的衬底可视为绝缘层，对于扩散层厚度(即结深 X_j)远小于探针间距 s，而横向尺寸无限大的样品，则薄层电阻率为

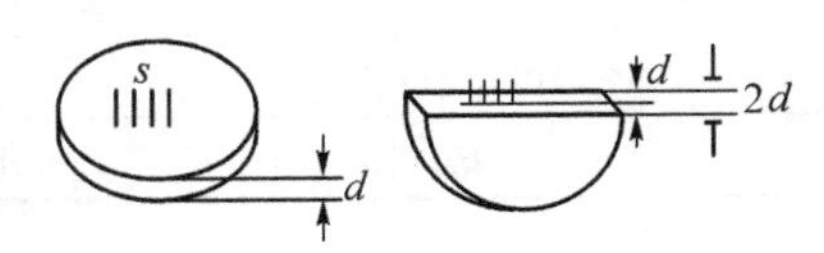

图 33-4　极薄样品，等间距探针情况

$$\rho = \frac{2\pi s}{B_0} \times \frac{\psi}{I} \tag{33-13}$$

实际工作中，我们直接测量扩散层的薄层电阻，又称方块电阻，其定义就是表面为正方形的半导体薄层，在电流方向所呈现的电阻，如图33-5所示。所以

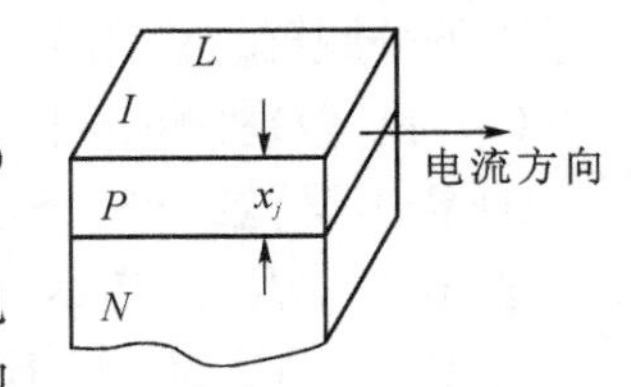

图 33-5　方块电阻

$$R_s = \rho \frac{1}{IX_j} = \frac{\rho}{X_j} \tag{33-14}$$

因此有

$$R_s = \frac{\rho}{X_j} = 4.532\,4 \frac{\psi_{23}}{I} \tag{33-15}$$

实际的扩散片尺寸一般不很大，并且实际的扩散片又有单面扩散与双面扩散之分，因此，需要进行修正，修正后的公式为

$$R_s = B_0 \frac{\psi_{23}}{I} \tag{33-16}$$

三、实验仪器

采用SDY—5型双电测四探针测试仪(含直流数字电压表、恒流源、电源、DC-DC电源变换器)。

四、实验操作方法

系统连接完毕后，按以下步骤测试：

(1) 接通主机电源。此时“Va”指示灯和“I”指示灯亮。

(2) 根据所测样片电阻率，或方块电阻，选择电流量程，按下K1、K2、K3、K4相应的键，对应的量程指示灯亮。

相关参数的选择见表33-1和表33-2。

表 33-1　方块电阻测量时电流量程选择表

方块电阻/Ω	电流量程/mA	方块电阻/Ω	电流量程/mA
<2.5	100	20～250	1
2.0～25	10	>200	0.1

表 33-2　电阻率测量时电流量程选择表

电阻率/(Ω·cm)	电流量程/mA	电阻率/(Ω·cm)	电流量程/mA
<0.012	100	0.3～60	1
0.01～0.6	10	30～1 000	0.1

(3) 放置样品，压下探针，主机显示屏显示电流值，调节电位器 W1、W2 使其显示 4532(也可显示其他值)。

以下分脱(微)机测量和联(微)机测量两种。

(4) 脱(微)机测量：仅适用于主机测量方块电阻。

① 按 I/V 选择键 K6，此时"V"指示灯亮，进入测量状态。

② 在"$V_a(R_\square)$"指示灯亮的情况下，测出 V_a+；按换向键 K7，测出 V_a-，计算 V_a。

③ 按 V_a/V_b 选择键 K5，此时"V_b"指示灯亮，测出 V_b-；按换向键 K7，测出 V_b+。计算 V_b。

④ 计算出 V_a/V_b。

⑤ 计算 K 值。

⑥ 选取电流 $I=K$。

例：若计算出 $K=4.517$，此时应按 K6 键，使"I"灯亮，调节电位器 W1、W2，使主机显示电流数为 4517。

⑦ 按下 K6 键，使"V"指示灯亮；按 K5 键，使"$V_a(R_\square)$"指示灯亮。此时主机显示值为实际方块电阻(Ω/□)

⑧ 对于双面扩散硅片和无穷大的衬底为绝缘的导电薄膜 $K=4.532$。

⑨ 若不做高精确测量，对于单面扩散片和有限尺寸的导电薄膜(直径或线度至少在 50 mm以上)，也可选取 $K=4.532$。

(5) 联(微)机测量

① 接通微机电源，显示 H—710F—1(或 H—710F—2)，此时通过按 K5 键和 K7 键，应使电流换向指示灯熄灭和"V_a"指示灯点燃，否则不能起自动控制作用，因而不能用微机控制和测量。

② 利用键盘置入"日期、温度"(仅作记录用)。

③ 置入电流"量程"和电流值。应分别与主机所选择和显示的数值一致。

④ 置入打印格式。根据需要选择第一种或第二种格式，使显示 H—710F—1(或 H—710F—2)。为减轻打印机磨损，一般可选用第一种格式。

⑤ 置入"厚度"，若测量 $R_\square$，置入数字 1；若测量 ρ，按片厚实际值置入(以 mm 为单位)。

⑥ 以上条件全部置入后，按测量键，即可打印全部预置数据并进入测量状态。

若经检查数据有误，可按回车重新预置；预置"电流"必须在预置"量程"后进行，预置完毕

后，再按测量键，即打印出已修改和未修改的预置数据，即可开始测量。

注意：置入有数值的条件时，要先置入数据，再按所置入的项目键。以下分三种测量方式加以叙述。

⑦ 一步测量：按主机 I/V 选择键 K6、使"V"指示灯亮，进入测量状态。

按微机"测量"键测量，利用"测量"键、"重测"键、与手动测试架配合，可完成全部测试，最后一点测完，按"打印"键，打印各点 $R_{\square}(\rho)$值，以及最大值、最小值、最大变化率、平均变化率和径向不均匀度。若测量从头开始，则按"清 0"键，从第一点重测。

注：测量点少于 3 点时，"打印"不能执行，发出长声显示 dЭ。

⑧ 分步测量：按回车测量键，打印预置数据。

按 V_a 键，测量 V_a 值(并求平均)。

按 V_b 键，测量 V_b 值(并求平均)。

a. 按 V_a/V_b 键，求 V_a/V_b 值。

b. 按 KR 键，求 K 值。

按 KR 键，求 $R_{\square}$或 ρ 值。

a，b 两项操作也可以省去，不影响测量结果。

⑨ 输入 V_a、V_b值验算，V_a/V_b，K，$R_{\square}$或 ρ 等值。

例：设 $V_a=62.50$ mV，$V_b=50.00$ mV

按　62.50 V_a

　　50.00 V_b

a. 按 V_a/V_b 显示 1.25。

b. 按 KR 显示 4.47025。

再按 KR 显示 61.64497(此值是 $I=4.532$ mA 计算结果，应按此值置入电流)

a，b 两项操作也可以省去

以上三种方式，可互相穿插进行，测量各点数据可互相衔接，但实际测量时并无此必要，一般以一次测量为宜。

⑩ 若更换样品继续测量时，不修改预置条件，可按清 0 键，清除所有测量数据，即可开始测量；若要修改某一个或几处预置值，可按回车键，显示□h，对于某一预置修改，只按某一条件键，不修改的仍保留原来值，再按测量键，即打印出已修改的预置数值，此时即开始测量。

五、实验内容

采用脱机及联机法测量。

(1) 方块电阻测量：根据(V_a/V_b)值的大小，选择几何修正因子 K 的计算公式，然后用 $R_{\square}=K*(V_a/I)$ 计算方块电阻 $R_{\square}$。

(2) 薄片体电阻率测量：若已知样片厚度 W(W 应为 0.20～3.9 mm)，按 $\rho=R_{\square}*W*F(W/s)/10$ 计算体电阻率。式中，W 单位为 mm，$s=1$ mm(探针平均间距)，$F(W/s)$为厚度修正因子，已存在微机内。

六、注意事项

(1) 硅片很脆，小心轻放；当探针将要与硅片接触时，用力要很小，以免损坏探针及硅片。

(2) 要选择合适的电流量程开关,否则窗口无读数。

(3) 计算机按键要轻,以免损坏。

(4) 在测量过程中,由于附近其他仪器电源的开关可能会把计算机锁住而无法工作,此时应重新开机,即恢复正常。

(5) 每次测量应等所有数值稳定后方可按“测量”进行下一次测量。

七、思考题

(1) 测量电阻有哪些方法?

(2) 什么是体电阻? 方块电阻(面电阻)?

(3) 四探针法测量材料的电阻的原理是什么?

(4) 为什么要用四探针进行测量,如果只用两根探针既作电流探针又作电压探针,能否对样品进行较为准确的测量?

(5) 四探针法测量材料电阻的优点是什么?

(6) 本实验中哪些因素能够使实验结果产生误差?

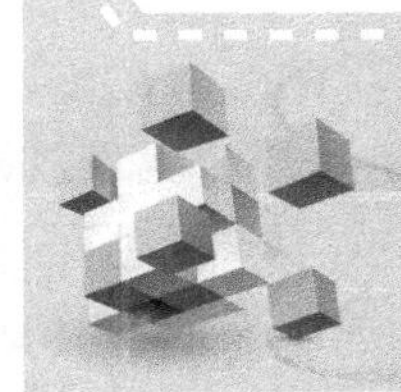

第四章 材料的物理制备技术

实验 34 蒸发镀膜技术

一、实验目的

(1) 掌握蒸发镀膜制备薄膜的方法与原理。

(2) 学会使用蒸镀设备制备薄膜。

二、实验原理

真空镀膜技术在现代工业、近代科学技术中得到广泛的应用。像大家现在所熟知的光学仪器的反射镜,半导体器件中的电极引线,放映灯的冷光镜,激光器谐振腔的高反射膜等都是使用真空镀膜的方法制备的。随着薄膜光学、半导体技术和集成光学等的发展,真空镀膜技术在理论上、工艺上以及仪器设备方面都取得了很大的发展。并在集成光学薄膜器件,计算机上存储、记忆用的磁性薄膜,材料表面改性和建筑上使用的隔热保温薄膜以及电致控光太阳能薄膜等方面取得了很大的成功。

真空镀膜按其使用技术种类和作用机理可以分成热蒸气、溅射、离子镀、束流淀积四种。本实验使用的是真空热蒸发法,其基本原理是将膜料在真空中加热汽化,然后冷凝在基片上面淀积成所需的薄膜。对于固态物质在室温和大气压条件下的蒸发是不明显的。但如果在真空中将它们加热到高温,均能迅速地蒸发。大多数金属先热成液相,然后才有显著蒸发。而有些物质如镁、砷、锌及硫化锌等能从固体升华。为了使蒸发分子在离开蒸发表面后不与容器中剩余气体产生碰撞和化学反应而顺利地到达基片,容器中的真空度要达到使分子的平均自由程大于蒸汽源与淀积薄膜的基片间的距离,因此真空度应优于 10^{-4}托。

真空热蒸发加热的方法目前有电阻大电流加热、高频感应加热、电子束加热和激光束加热几种。对于最常用的电阻式加热,多采用高熔点的金属铝土、石墨之类作为蒸发源,其形式有丝源和舟源等。这种方式的优点是简单,使用方便,费用低廉;缺点是不易蒸发高温材料,蒸源对膜料以及形成的薄膜有污染的潜在危险,所镀膜层的附着力与牢固性较差。在本实验中,镀铝采用钨丝绕成螺旋形作为蒸发源,而镀硫化锌是采用钼舟作蒸发源。

为了获得良好的薄膜,必须注意以下几个问题。

(1) 不同的物质其熔点和在真空中开始显著蒸发的温度各不相同。例如铝在真空中开始显著蒸发的温度为 1 460 K,银为 1 320 K,故蒸发源的加热温度应能达到其蒸发温度,而一定质量的蒸发源其升温快慢决定了蒸发速率(指单位时间内从蒸发源飞出去的原子或者分子数)的大小,它对镀膜层晶粒的大小有影响,并影响薄膜的质量。因此在镀膜过程中要注意控制蒸发速率。

(2) 在镀膜过程中对蒸发材料要加热,此时将会有大量吸附在金属或介质中的气体放出,这样真空度会急剧下降,使镀层粗糙、牢固性差,严重影响膜层的质量。为避免镀膜时大量放气,事先需在真空室内对蒸发材料进行热处理,使之放出吸附气体,即“预熔”或“去气”过程。在“预熔”时要用活动挡板将蒸发源挡住,以防“预熔”过程中有蒸发材料被镀到镀工件上。“预熔”这一步不论对介质材料,还是对金属材料都是不可少的。还要强调一点,只要真空室放过气,即使前次已“预熔”过,蒸发过的材料都必须重新进行“预熔”。

(3) 基片表面的清洁度是决定镀膜层结构和牢固性的重要因素。因此基片一定要经过严格的清洗,有的膜料还不许对基片加温。

(4) 为了镀膜层的厚度均匀分布,让蒸发源与工件的距离远些为好,有条件还可以让工件慢速转动和多对电极位于工件对称的位置同时蒸发。

真空镀膜工艺上除了淀积技术外,还有监控技术。最早的检测器便是人眼,即所谓“目测法”。对单层减反膜——氟化镁,至今仍有人用眼睛观察其反射颜色,来进行膜厚控制。这种方法显然不是十分精确的,不能用于复杂的多层膜系的控制,为此便发展了极值法、波长扫描法、石英晶体频移法、双色法、全息干涉法和电学方法与机械方法等,其原理均是适当选取一个随膜层厚度变化的物理量,在镀膜过程中,观测该量的变化,从而直接或间接地监控膜层厚度。这类物理量很多,例如膜层的质量、电阻、电容、光密度、反射率,蒸汽束流浓度以及引起的离子流等。正因为这类物理量很多,故膜厚控制方法便相应地多种多样。

对于光学膜的控制来说,最方便而又十分直截了当的,还是光电法。它将膜层的光学厚度直接与所需要的光学性质(反射率、透射率之类)联系起来。在光电控制膜层的光学厚度这类方法中,极值法是最简便、直观而又通用的方法,可适用于各种光学膜(吸收膜与介质膜)的监控。我们知道,当某一波长为 λ 的光入射到透明薄膜时,薄膜的透射率或反射率随着膜层厚度 d 的增大存在极大值和极小值,即薄膜的光学厚度 nd 每增大 $\lambda/4$ 时,薄膜的透射率或者反射率交替地出现极大值和极小值。利用它可以判断和控制镀膜的厚度。

随着镀膜技术的发展,极值法也有很多改进,在这里不作一一的叙述。在本实验中,镀硫化锌时采用交流控制法,即将控制光束进行调制,并用选频放大器放大所接收的光电信号,从而避免了杂散光和零点漂移的影响。图 34-1 是它的示意图。

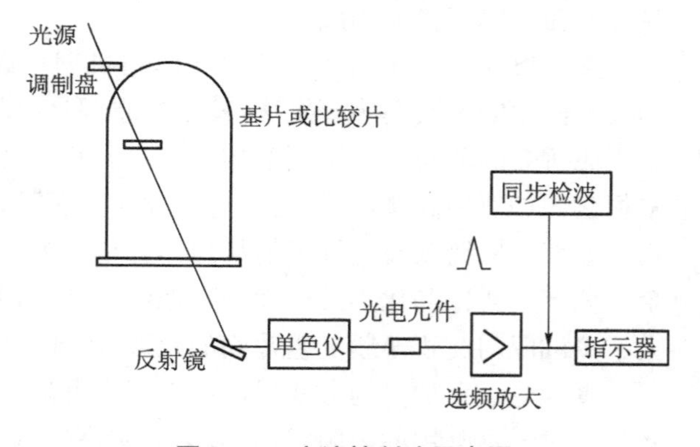

图 34-1　交流控制法示意图

三、实验设备

真空镀膜机是一种能获得真空,并在真空中使金属和介质蒸发从而镀制薄膜的设备。它由两大部分组成:一是在一个较大的容器中获得真空的真空系统;二是镀膜时使金属或介质蒸

发的电器系统。本实验使用的是 GD—450 型高真空镀膜机。图 34-2 所示为其真空系统的结构。

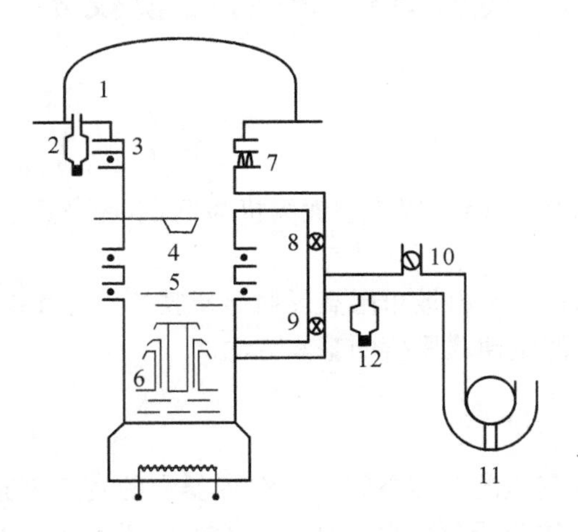

图 34-2　真空系统结构图

1—真空蒸发室；2—电离真空规；3—过渡管道；4—扩散泵阀门；5—水冷挡板；6—油扩散泵；7—真空室放气阀；8、9—管道阀门；10—机械泵放气阀；11—机械泵；12—热偶真空规

四、实验内容

(1) 在一块玻璃片上镀制一层铝反射膜。

(2) 在玻璃基片上镀硫化锌膜,用极值法控制镀制的硫化锌膜厚度。

五、思考题

(1) 用真空热蒸发法镀制薄膜时,为什么真空度要优于 10^{-4} 托?

(2) 要获得质量好的薄膜,应注意哪些问题?

实验 35 溅射镀膜技术

一、实验目的

(1) 了解真空技术的基本知识，以真空镀膜机为例，掌握高真空的获得与测量的基本原理及方法。

(2) 学习掌握在玻璃基片上溅镀单层高反射金属膜的原理和操作方法。

(3) 了解利用干涉法测量薄膜厚度的基本方法。

二、实验原理

真空是指低于1个大气压的气体空间。真空容器中的真空度是用气体的压强表示，真空度愈高，气体压强愈低，气体分子愈稀少。真空技术被广泛用于工业生产、科学实验和近代尖端技术中，是高新技术领域中的关键手段之一。

本实验采用JGP450型超高真空多功能磁控溅射镀膜设备，它包括下述三大部分。

1. 真空的获得(真空系统)

本实验高真空获得分两步实现。首先由机械泵通过不断改变泵内吸气空腔的容积而赶走气体的方法，把系统的真空度从大气压开始抽到20 Pa左右的低真空；在此基础上，启动分子泵使其开始工作，涡轮分子泵利用高速旋转的转子碰撞气体分子并把它们驱向出气口，再由机械抽除，从而使被抽系统进一步获得10^{-5}～10^{-4} Pa的高真空。

2. 真空的测量

测量真空度的装置称为真空计或真空规。先利用热偶真空计测量低真空，当热偶真空计达满度即10^{-1} Pa后，再利用电离真空计(DL—7程控真空计)监测高真空，其测量范围为10^{-6}～10^{-1} Pa。

3. 真空镀膜

真空镀膜就是在高真空条件下，使固体表面淀积上一层金属或介质的薄膜。真空镀膜的方法常用的有两种：真空蒸发法和溅射法。

本实验采用磁控溅射法镀膜。镀膜室内装有磁控靶。当真空度达到约10^{-4} Pa，再充入Ar达到3 Pa左右，接通电源，使稀薄气体发生辉光放电，产生大量离子，这些离子撞击靶面，将靶材原子溅出穿过工作空间而淀积在玻璃基片上形成薄膜。

三、实验仪器

JGP450型超高真空多功能磁控溅射镀膜实验系统设备一套(包括机械泵、分子泵、热偶真空计和电离真空计等)。

四、实验内容与步骤

(1) 熟悉镀膜机的结构和仪器的操作规程，严格按照操作规程操作。清洗好基片。

(2) 放入样品。

① 检查系统所有的阀门和电源开关，让其全部处于关闭状态。

② 打开放气阀 V_6，慢开旁抽阀 V_5，通入干燥空气，给分子泵和靶通水。

③ 开总电源，按升降按钮的“升”钮，手动大法兰盖绕轴转至适当位置。

④ 清洗溅射室，放好清洗过的玻璃基片，手动大法兰盖，找正位置按“降”钮，慢慢下降盖好。

⑤ 关闭 V_6 和 V_5。

(3) 抽真空。

① 开机械泵，慢开旁抽阀 V_5，对溅射室直接抽气。

② 开热偶真空计，显示到 20 Pa 左右，关 V_5 开电磁阀 DF，依次开分子泵，开闸板阀 G(不能开得过死)。

③ 当热偶真空计满度 0.1 Pa(数码显示为 1.E-1)时，方可开 DL-程控真空计(高真空计)，抽真空达 10^{-4} Pa。

④ 上述②③两项实验过程中，应详细记录各时刻的低、高真空计的示值，作出被抽容器(溅射室)的抽气曲线(即容器中压强随时间变化的曲线)，以 0.1 Pa 开始记录，并分析各状态真空度变化的机理。

(4) 真空镀膜。

① 关闭高真空计，打开气路阀 V_3(慢开)，低真空计显示值≤20 Pa 后开 V_1，V_2 和流量计，同样≤20 Pa，稳定后，开气源，关小闸板阀 G，使低真空计显示 3 Pa 左右。

② 设置计算机的控制状态进行镀膜。

③ 启动励磁电源。先确认电压、电流调节旋钮处于零位，然后按电源“开”钮，缓慢调节电源、电流旋钮，使励磁电源逐渐增大到起辉所需值，但不得超过 3 A，待起辉后将电流适当调小，以免烧坏线圈。

④ 启动直流电源，调节至所需功率，电磁靶起辉溅射。

⑤ 用计算机控制镀膜时间和更换基片。

⑥ 列表记录镀膜过程的物理条件和参数(即真空度、质量流量、工作电压、电流或工作功率和镀膜时间)。

(5) 停止镀膜和关机

① 溅射工作完毕后，先将板压调节到 0，然后关断板压/关灯丝(橙色按钮)，关溅射总电源。

② 关气源，依次开闸板阀 G，关流量计(先调至 0 位再关)，关 V_3(V_1、V_2 都得关)，约抽 10～20 min。

③ 关(两)真空计，关闸板阀 G，关分子泵，过 5～10 min 关电磁阀 DF，关机械泵。

④ 按步骤(2)取出样品，并按步骤(3)抽真空达 10^{-3} Pa，再按上一步关机。

⑤ 关真空泵处的总电源，关水。

⑥ 观察镀制膜层的质量，并对实验结果进行分析。

注：上述④中的取样品也可留待下次实验时取，这样就可省去最后的第④步。

五、数据与结果

在实验过程中将工艺参数按表 35-1 和表 35-2 记录。

表 35-1 真空测量数据

时间/min	0	
真空度/Pa	0.1	

表 35-2 真空镀膜数据

样品编号	1	2	3	4	5	6
溅镀时间/min						
真空度/Pa						
质量流量(标况)/(cm^3/min)						
溅射功率/W						

六、注意事项

(1) 开机前必须先通水。
(2) 镀膜基片必须认真清洗。
(3) 励磁靶的励磁电流不得超过 3 A。

七、思考题

(1) 什么叫真空?真空度如何衡量和划分?
(2) 镀膜过程中氩气的作用是什么?
(3) 如何测量膜的厚度?

实验 36 等离子体烧结制备技术

一、实验目的

(1) 了解放电等离子体烧结(SPS)的基本原理。
(2) 熟悉放电等离子体烧结设备。

二、等离子体烧结技术的原理

等离子体是宇宙中物质存在的一种状态,是除固、液、气三态外物质的第四种状态。所谓等离子体就是指电离程度较高、电离电荷相反、数量相等的气体,通常是由电子、离子、原子或自由基等粒子组成的集合体。

处于等离子体状态的各种物质微粒具有较强的化学活性,在一定的条件下可获得较完全的化学反应。之所以把等离子体视为物质的又一种基本存在形态,是因为它与固、液、气三态相比无论在组成上还是在性质上均有本质区别。即使与气体之间也有着明显的差异。

首先,气体通常是不导电的,等离子体则是一种导电流体而又在整体上保持电中性。其次,组成粒子间的作用力不同,气体分子间不存在静电磁力,而等离子体中的带电粒子之间存在库仑力,并由此导致带电粒子群的种种特有的集体运动。再次,作为一个带电粒子系,等离子体的运动行为明显地会受到电磁场影响和约束。

需要说明的是,并非任何电离气体都是等离子体。只有当电离度大到一定程度,使带电粒子密度达到所产生的空间电荷足以限制其自身运动时,体系的性质才会从量变到质变,这样的“电离气体”才算转变成等离子体。否则,体系中虽有少数粒子电离,仍不过是互不相关的各部分的简单加和,而不具备作为物质的第四态的典型性和特征,仍属于气态。

等离子体一般分两类。第一类是高温等离子体或称热等离子体(亦称高压平衡等离子体)。此类等离子体中,粒子的激发或是电离主要是通过碰撞实现,当压力大于 1.33×10^{4} Pa 时,由于气体密度较大,电子撞击气体分子,电子的能量被气体吸收,电子温度和气体温度几乎相等,即处于热力学平衡状态。第二类是低温等离子体(亦称冷等离子体)在低压下产生,压力小于 1.33×10^{4} Pa 时,气体被撞击的概率减小,气体吸收电子的能量减少,造成电子温度和气体温度分离,电子温度比较高(10^{4} K),而气体的温度相对比较低($10^{2}\sim10^{3}$ K),即电子与气体处于非平衡状态。气体压力越小,电子和气体的温差就越大。

放电等离子烧结(Spark Plasma Sintering, SPS)是近年来发展起来的一种新型的快速烧结技术。该技术是在粉末颗粒间直接通入脉冲电流进行加热烧结,因此有时也被称为等离子活化烧结(Plasma Activated Sinteriny, PAS)或等离子体辅助烧结(Plasma Assister Sinteriny,PAS)。

放电等离子烧结技术是通过将特殊电源控制装置发生的 ON-OFF 直流脉冲电压加到粉体试料上,除了能利用通常放电加工所引起的烧结促进作用(放电冲击压力和焦耳加热)外,还有效利用脉冲放电初期粉体间产生的火花放电现象(瞬间产生高温等离子体)所引起的烧结促进作用通过瞬时高温场实现致密化的快速烧结技术。

放电等离子烧结由于强脉冲电流加在粉末颗粒间，因此可产生诸多有利于快速烧结的效应。其相比常规烧结技术有以下优点：

（1）烧结速度快。

（2）改进陶瓷显微结构和提高材料的性能。

放电等离子烧结融等离子活化、热压、电阻加热为一体，升温速度快，烧结时间短，烧结温度低，晶粒均匀，有利于控制烧结体的细微结构，获得材料的致密度高，并且有着操作简单、再现性高、安全可靠、节省空间、节省能源及成本低等优点。

SPS 烧结机理目前还没有达成较为统一的认识，其烧结的中间过程还有待进一步研究。SPS 的制造商 Sumitomo 公司的 M. Tokita 最早提出放电等离子烧结的观点，他认为：粉末颗粒微区还存在电场诱导的正负极，在脉冲电流作用下颗粒间发生放电，激发等离子体，由放电产生的高能粒子撞击颗粒间的接触部分，使物质产生蒸发作用而起到净化和活化作用，电能储存在颗粒团的介电层中，介电层发生间歇式快速放电。

目前一般认为，SPS 过程除具有热压烧结的焦耳热和加压造成的塑性变形促进烧结过程外，还在粉末颗粒间产生直流脉冲电压，并有效利用了粉体颗粒间放电产生的自发热作用，因而产生了一些 SPS 过程特有的现象。

由于其独特的烧结机理，SPS 技术具有升温速度快、烧结温度低、烧结时间短、节能环保等特点，SPS 已广泛应用于纳米材料、梯度功能材料、金属材料、磁性材料、复合材料、陶瓷等材料的制备。

三、实验设备

以 SPS—1050 设备（图 36-1）为例。

SPS 系统包括一个垂直单向加压装置和加压自动显示系统以及一个电脑自动控制系统，一个特制的带水冷却的通电装置和支流脉冲烧结电源，一个水冷真空室和真空/空气/氢气/氧气气氛控制系统，各种内锁安全装置和所有这些装置的中央控制操作面板。

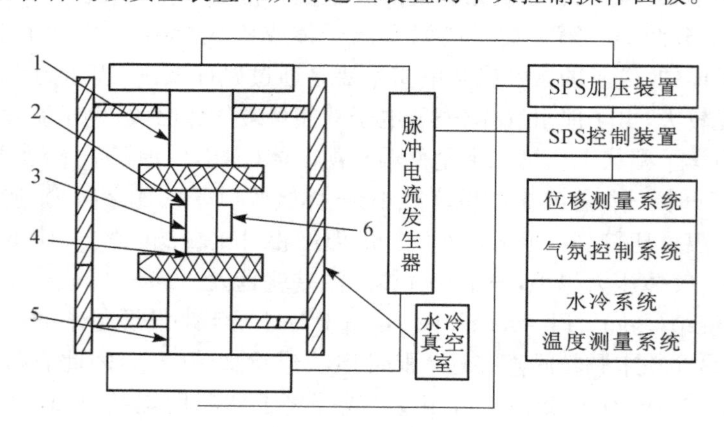

图 36-1　放电等离子烧结系统示意图

1—上电极；2—下电极；3—粉末；4—下压头；5—下电极；6—模具

SPS 利用直流脉冲电流直接通电烧结的加压烧结方法，通过调节脉冲直流电的大小控制升温速率和烧结温度。整个烧结过程可在真空环境下进行，也可在保护气氛中进行。烧结过

程中，脉冲电流直接通过上下压头和烧结粉体或石墨模具，因此加热系统的热容很小，升温和传热速度快，从而使快速升温烧结成为可能。

四、等离子体烧结技术的工艺流程

等离子体烧结技术工艺流程如图 36-2 所示。

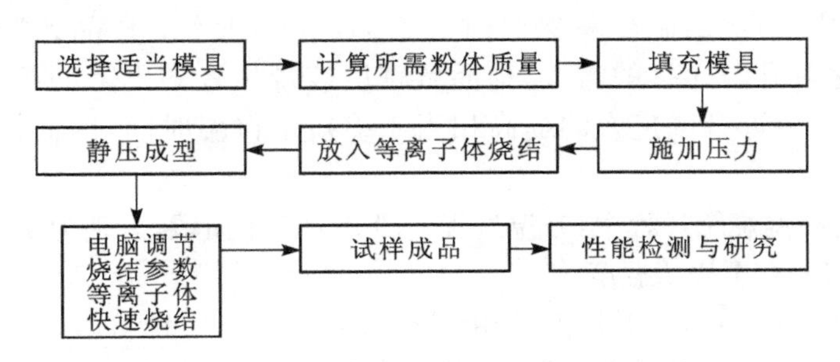

图 36-2　等离子体烧结技术工艺流程图

主要控制参数如下。

1. 烧结气氛

烧结气氛对样品烧结的影响很大（真空烧结情况除外），合适的气氛将有助于样品的致密化。

在氧气气氛下，由于氧被烧结物表面吸附或发生化学反应作用，使晶体表面形成正离子缺位型的非化学计量化合物，正离子空位增加，同时使闭口气孔中的氧可直接进入晶格，并和氧离子空位一样沿表面进行扩散，扩散和烧结加速。当烧结由正离子扩散控制时，氧化气氛或氧分压较高并有利于正离子空位形成，促进烧结；由负离子扩散控制时，还原气氛或较低的氧分压将导致氧离子空位产生并促进烧结。

在氢气气氛下烧结样品时，由于氢原子半径很小，易于扩散并有利于闭口气孔的消除，氧化铝等类型的材料于氢气气氛下烧结可得到接近于理论密度的烧结体样品。

2. 烧结温度

烧结温度是等离子快速烧结过程中关键的参数之一。烧结温度的确定要考虑烧结体样品在高温下的相转变、晶粒的生长速率、样品的质量要求以及样品的密度要求。一般情况下，随着烧结温度的升高，试样致密度整体呈上升趋势，这说明烧结温度对样品致密度有明显的影响，烧结温度越高，烧结过程中物质传输速度越快，样品越容易密实。但是，温度越高，晶粒的生长速率就越快，其力学性能就越差。而温度太低，样品的致密度就很低，质量达不到要求。温度与晶粒大小之间的矛盾在温度的选择上要求一个合适的参数。延长烧结温度下的保温时间，一般都会不同程度地促进烧结完成，完善样品的显微结构，这对黏性流动机理的烧结较为明显，而对体积扩散和表面扩散机理的烧结影响较小。在烧结过程中，一般保温仅 1 min 时，样品的密度就达到理论密度的 96.5%以上，随着保温时间的延长，样品的致密度增大，但是变化范围不是很大，说明保温时间对样品的致密度虽然有一定的影响，但是作用效果不是很明显。但不合理地延长烧结温度下的保温时间，晶粒在此时间内急剧长大，加剧二次重结晶作用，不利于样品的性能要求，而时间太短会引起样品的致密化下降，因此需要选择合适的保温时间。

3. 升温速率

随着升温速率的加快，使得样品在很短的时间内达到所要求的温度，晶粒的生长时间会大大减少，这不仅有利于抑制晶粒的长大，得到大小均匀的细晶粒陶瓷，还能节约时间、节约能源以及提高烧结设备的利用率。但是，由于设备本身的限制，升温速率过快对设备会造成破坏性影响。因此在可允许的范围内尽可能地加快升温速率。但是，在实测的实验数据中反映：与烧结温度和保温时间不同，升温速率对样品致密度的影响显示出相反的结果，即随着升温速率的增大，样品致密度表现出逐渐下降的趋势，有学者提出这是因为在烧结温度附近升温速率的提高相当于缩短了保温时间，因而样品致密度会有所下降。

(1) 在实际的高温烧结过程中，升温过程一般分为三个阶段，分别为从室温至600℃左右，600～900℃左右，900℃至烧结温度。

(2) 第一阶段是准备阶段，升温速率相对比较缓慢。

(3) 第二阶段是可控的快速升温阶段，升温速率一般控制在100～500 ℃/min。

(4) 第三阶段是升温的缓冲阶段，该阶段温度缓慢升至烧结温度，保温时间一般是1～7 min，保温后随炉冷却，冷却速率可达300 ℃/min。

4. 压力

压力对烧结的影响主要表现为素坯成型压力和烧结时的外压力。从烧结和固相反应机理容易理解，压力越大，样品中颗粒堆积就越紧密，相互的接触点和接触面积增大，烧结也被加速。这样能使样品得到更好的致密度，并能有效地抑制晶粒长大和降低烧结温度。因此选择的压力一般为30～50 MPa（实验允许的最大值）。不过有研究表明，当烧结时外压力为30 MPa和50 MPa时，样品的致密度相差并不大，这说明致密度随压力增大的现象仅在一定范围内较为明显。

以上说明，烧结温度、保温时间、升温速率构成了影响烧结体微观组织的主要因素。其中烧结温度和保温时间对烧结体微观组织影响最为显著，升温速率次之，烧结过程中压力对样品的微观组织的影响最小。

五、实验步骤

(1) 根据所需制备样品与原料制备实验方案。

(2) 按比例称取一定量的反应物样品。

(3) 利用球磨机将反应物样品充分混合均匀。

(4) 将样品烘干，手工研磨使其颗粒尽量细小均匀。

(5) 将混合好的样品装入模具。

(6) 在SPS炉中烧结。

六、数据采集分析

(1) 按照SPS工艺设计要求，将烧结温度、压力、位移、真空度、电压、电流等参数记录下来，30 s一组。

(2) 按需求选取其中的参数制成图表。

(3) 对图表加以分析讨论，根据实验情况改进实验方案。

七、思考题

(1) SPS 烧结技术与传统的烧结技术有什么不同?

(2) SPS 烧结技术有哪些优缺点?

附录 平面布氏硬度值计算表

压痕直径 mm	负荷 p(kg)下 HB 值			压痕直径 mm	负荷 p(kg)下 HB 值		
d_{10}，$2d_5$，$4d_{2.5}$	$30D^2$	$10D^2$	$2.5D^2$	d_{10}，$2d_5$，$4d_{2.5}$	$30D^2$	$10D^2$	$2.5D^2$
2.89	448	149	37.3	3.16	373	124	31.1
2.90	444	148	37.0	3.17	370	123	30.9
2.91	441	147	36.8	3.18	368	123	30.7
2.92	438	146	36.5	3.19	366	122	30.5
2.93	435	145	36.3	3.20	363	121	30.3
2.94	432	144	36.0	3.21	361	120	30.1
2.95	429	143	35.8	3.22	359	120	29.9
2.96	426	142	35.5	3.23	356	119	29.7
2.97	423	141	35.3	3.24	354	118	29.5
2.98	420	140	35.0	3.25	352	117	29.3
2.99	417	139	34.8	3.26	350	117	29.2
3.00	415	138	34.6	3.27	347	116	29.0
3.01	412	137	34.3	3.28	345	115	28.8
3.02	409	136	34.1	3.29	343	114	28.6
3.03	406	135	33.9	3.30	341	114	28.4
3.04	404	135	33.6	3.31	339	113	28.2
3.05	401	134	33.4	3.32	337	112	28.1
3.06	398	133	33.2	3.33	335	112	27.9
3.07	395	132	33.0	3.34	333	111	27.7
3.08	393	131	32.7	3.35	331	110	27.6
3.09	390	130	32.5	3.36	329	110	27.4
3.10	388	129	32.3	3.37	326	109	27.2
3.11	385	128	32.1	3.38	325	108	27.1
3.12	383	128	31.9	3.39	323	108	26.9
3.13	380	127	31.7	3.40	321	107	26.7
3.14	378	126	31.5	3.41	319	106	26.6
3.15	375	125	31.3	3.42	317	106	26.4

续表

压痕直径 mm	负荷 p(kg)下 HB 值			压痕直径 mm	负荷 p(kg)下 HB 值		
d_{10}，$2d_5$，$4d_{2.5}$	$30D^2$	$10D^2$	$2.5D^2$	d_{10}，$2d_5$，$4d_{2.5}$	$30D^2$	$10D^2$	$2.5D^2$
3.43	315	105	26.2	3.81	253	84.4	21.1
3.44	313	104	26.1	3.82	250	84.0	21.0
3.45	311	104	25.9	3.83	252	83.5	20.9
3.46	309	103	25.8	3.84	249	83.0	20.8
3.47	307	102	25.6	3.85	248	82.6	20.7
3.48	306	102	25.5	3.86	246	82.1	20.5
3.49	304	101	25.3	3.87	245	81.7	20.4
3.50	302	101	25.2	3.88	244	81.3	20.3
3.51	300	100	25.0	3.89	242	80.8	20.2
3.52	298	99.5	24.9	3.90	241	80.4	20.1
3.53	297	98.5	24.7	3.91	240	80.0	20.0
3.54	295	98.3	24.6	3.92	239	78.6	19.9
3.55	293	97.7	24.5	3.93	237	79.1	19.8
3.56	292	97.2	24.3	3.94	236	78.7	19.7
3.57	290	96.6	24.2	3.95	235	78.3	19.6
3.58	288	96.1	24.0	3.96	234	77.9	19.5
3.59	286	95.5	23.9	3.97	232	77.5	19.4
3.60	285	95.0	23.7	3.98	231	77.1	19.3
3.61	283	94.4	23.6	3.99	230	76.7	19.2
3.62	282	93.9	23.5	4.00	229	76.3	19.1
3.63	280	93.3	23.3	4.01	228	75.9	19.0
3.64	278	92.8	23.2	4.02	226	75.5	18.9
3.65	277	92.3	23.1	4.03	225	75.1	18.8
3.66	275	91.8	22.9	4.04	224	74.4	18.7
3.67	274	91.2	22.8	4.05	223	74.3	18.6
3.68	272	90.7	22.7	4.06	222	73.9	18.5
3.69	271	90.2	22.6	4.07	221	73.5	18.4
3.70	269	89.7	22.4	4.08	219	73.2	18.3
3.71	268	89.2	22.3	4.09	218	72.8	18.2
3.72	266	88.7	22.2	4.10	217	72.4	18.1
3.73	265	88.2	22.1	4.11	216	72.0	18.0
3.74	263	87.7	21.9	4.12	215	71.7	17.9
3.75	262	87.2	21.8	4.13	214	71.3	17.8
3.76	260	86.8	21.7	4.14	213	71.0	17.7
3.77	259	86.3	21.6	4.15	212	70.6	17.6
3.78	257	85.8	21.5	4.16	211	70.2	17.6
3.79	256	85.3	21.3	4.17	210	69.9	17.5
3.80	255	84.9	21.2	4.18	209	69.5	17.4

续表

压痕直径 mm	负荷 p(kg)下 HB 值			压痕直径 mm	负荷 p(kg)下 HB 值		
d_{10}，$2d_5$，$4d_{2.5}$	$30D^2$	$10D^2$	$2.5D^2$	d_{10}，$2d_5$，$4d_{2.5}$	$30D^2$	$10D^2$	$2.5D^2$
4.19	208	69.2	17.3	4.57	173	57.6	14.4
4.20	207	68.8	17.2	4.58	172	57.3	14.3
4.21	205	68.5	17.1	4.59	171	57.1	14.3
4.22	204	68.2	17.0	4.60	170	56.8	14.2
4.23	203	67.8	17.0	4.61	170	56.5	14.1
4.24	202	67.5	16.9	4.62	169	56.3	14.1
4.25	201	67.1	16.8	4.63	168	56.0	14.0
4.26	200	66.8	16.7	4.64	167	55.8	13.9
4.27	199	66.5	16.6	4.65	167	55.5	13.9
4.28	198	66.2	16.5	4.66	166	55.3	13.8
4.29	198	65.8	16.5	4.67	165	55.0	13.8
4.30	197	65.5	16.4	4.68	164	54.8	13.7
4.31	196	65.2	16.3	4.69	164	54.5	13.6
4.32	195	64.9	16.2	4.70	163	54.3	13.6
4.33	194	64.6	16.1	4.71	162	54.0	13.5
4.34	193	64.2	16.1	4.72	161	53.8	13.4
4.35	192	63.9	16.0	4.73	161	53.5	13.4
4.36	191	63.6	15.9	4.74	160	53.3	13.3
4.37	190	63.3	15.8	4.75	159	53.0	13.3
4.38	189	63.0	15.8	4.76	158	52.8	13.2
4.39	188	62.7	15.7	4.77	158	52.6	13.1
4.40	187	62.4	15.6	4.78	157	52.3	13.1
4.41	186	62.1	15.5	4.79	156	52.1	13.0
4.42	185	61.8	15.5	4.80	156	51.9	13.0
4.43	185	61.5	55.4	4.81	155	51.7	12.9
4.44	184	61.2	55.3	4.82	154	51.4	12.9
4.45	183	60.9	15.2	4.83	154	51.2	12.8
4.46	182	60.6	15.2	4.84	153	51.0	12.8
4.47	181	60.4	15.1	4.85	152	50.7	12.7
4.48	180	60.1	15.0	4.86	152	50.5	12.6
4.49	179	59.8	15.0	4.87	151	50.3	12.6
4.50	179	59.5	14.9	4.88	150	50.1	12.5
4.51	178	59.2	14.8	4.89	150	49.8	12.5
4.52	177	59.0	14.7	4.90	149	49.6	12.4
4.53	176	58.7	14.7	4.91	148	49.4	12.4
4.54	175	58.4	14.6	4.92	148	49.2	12.3
4.55	174	58.1	14.5	4.93	147	49.0	12.3
4.56	174	57.9	14.5	4.94	146	48.8	12.2

续表

压痕直径 mm	负荷 p(kg)下 HB 值			压痕直径 mm	负荷 p(kg)下 HB 值		
d_{10}，$2d_5$，$4d_{2.5}$	$30D^2$	$10D^2$	$2.5D^2$	d_{10}，$2d_5$，$4d_{2.5}$	$30D^2$	$10D^2$	$2.5D^2$
4.95	146	48.6	12.2	5.33	124	41.4	10.3
4.96	145	48.4	12.1	5.34	124	41.2	10.3
4.97	144	48.1	12.0	5.35	123	41.0	10.3
4.98	144	47.9	12.0	5.36	123	40.9	10.2
4.99	143	47.4	11.9	5.37	122	40.7	10.2
5.00	143	47.5	11.9	5.38	122	40.5	10.1
5.01	142	47.3	11.8	5.39	121	40.4	10.1
5.02	141	47.1	11.8	5.40	121	40.2	10.1
5.03	141	46.9	11.7	5.41	120	40.0	10.0
5.04	140	46.7	11.7	5.42	120	39.9	9.97
5.05	140	46.5	11.6	5.43	119	39.7	9.93
5.06	139	46.3	11.6	5.44	119	39.6	9.89
5.07	138	46.1	11.5	5.45	118	39.4	9.85
5.08	138	45.9	11.5	5.46	118	39.2	9.81
5.09	137	45.7	11.4	5.47	117	39.1	9.77
5.10	137	45.5	11.4	5.48	117	38.9	9.73
5.11	136	45.3	11.3	5.49	116	38.8	9.69
5.12	135	45.1	11.3	5.50	116	42.1	9.66
5.13	135	45.0	11.3	5.51	115	41.9	9.62
5.14	134	44.8	11.2	5.52	115	41.7	9.58
5.15	134	44.6	11.2	5.53	114	38.2	9.54
5.16	133	44.4	11.1	5.54	114	38.0	9.50
5.17	133	44.2	11.1	5.55	114	37.9	9.46
5.18	132	44.0	11.0	5.56	113	37.7	9.43
5.19	132	43.8	11.0	5.57	113	37.6	9.38
5.20	131	43.7	10.9	5.58	112	37.4	9.35
5.21	130	43.5	10.9	5.59	112	37.3	9.31
5.22	130	43.3	10.8	5.60	111	37.1	9.27
5.23	129	43.1	10.8	5.61	111	37.0	9.24
5.24	129	42.9	10.7	5.62	110	36.8	9.20
5.25	128	42.8	10.7	5.63	110	36.7	9.17
5.26	128	42.6	11.6	5.64	110	36.5	9.14
5.27	127	42.4	10.6	5.65	109	36.4	9.10
5.28	127	42.2	10.6	5.66	109	36.3	9.07
5.29	126	42.1	10.5	5.67	108	36.1	9.03
5.30	126	41.9	10.5	5.68	108	36.0	9.00
5.31	125	41.7	10.4	5.69	107	35.8	8.97
5.32	125	41.5	10.4	5.70	107	35.7	8.93

参 考 文 献

[1] 李长龙,赵忠魁,王吉岱. 铸铁[M]. 北京:化学工业出版社,2007.

[2] 常铁军,刘喜军. 材料近代分析测试方法[M]. 修订版. 哈尔滨:哈尔滨工业大学出版社,2010.

[3] 周飞,贾秀颖. 金属材料与热处理[M]. 北京:电子工业出版社,2007.

[4] 陈世扑,王永瑞. 金属电子显微分析[M]. 北京:机械工业出版社,1982.

[5] 周玉. 材料分析方法[M]. 3版. 北京:机械工业出版社,2011.

[6] 谈育煦,胡志忠. 材料研究方法[M]. 北京:机械工业出版社,2004.

[7] 王英华. X光衍射技术基础[M]. 北京:原子能出版社,1993.

[8] 祁景玉. 现代分析测试技术[M]. 上海:同济大学出版社,2006.

[9] 李树棠. X射线衍射实验方法[M]. 北京:冶金工业出版社,1993.

[10] 丘利,胡玉和. X射线衍射技术及设备[M]. 北京:冶金工业出版社,1998.

[11] 朱明华. 仪器分析[M]. 3版. 北京:高等教育出版社,2000.

[12] 薛增泉,吴全德. 电子发射与电子能谱[M]. 北京:北京大学出版社,1993.

[13] 范康年. 谱学导论[M]. 北京:高等教育出版社,2002.

[14] Briggs D. X射线与紫外光电子能谱[M]. 桂琳琳,黄惠忠,郭国霖,等,译. 北京:北京大学出版社,1984.

[15] 阿查姆 R M A, 巴夏拉 N M. 椭圆偏振测量术和偏振光. 北京:科学出版社,1996.

[16] 姚启钧. 光学教程. 4版. 北京:高等教育出版社,2011.

[17] 赵凯华,钟锡华. 光学(上、下册). 北京:北京大学出版社,2008.

[18] 潘春旭. 材料物理与化学实验教程[M]. 长沙:中南大学出版社,2008.

[19] 董炎明. 高分子分析手册[M]. 北京:中国石化出版社,2004.

[20] 舒霞. Master Sizer 2000 激光粒度分析仪及其应用[J]. 合肥工业大学学报,2007,30(2):164-167.

[21] 李国安. 材料力学性能实验指导[M]. 武汉:华中科技大学出版社,2002.

[22] 吴开明,李云宝. 材料物理实验教程[M]. 北京:科学出版社,2012.

[23] 孙茂才. 金属力学性能[M]. 哈尔滨:哈尔滨工业大学出版社,2005.

[24] 陈融生,王元发. 材料物理性能检验[M]. 北京:中国计量出版社,2005.

[25] 张双科,吴晓春. MM—200 摩擦磨损试验机摩擦因数动态测试系统的实现[J]. 理化检测:物理分册,2003,9(2):96-100.

[26] 葛松华，唐亚明. 大学物理基础实验[M]. 北京：化学工业出版社，2008.
[27] 刘爱红，刘岚岚，赵红娥. 大学物理能力训练与知识拓展[M]. 北京：科学出版社，2004.
[28] 李平舟，陈秀华，吴兴林. 大学物理实验[M]. 西安：西安电子科技大学出版社，2002.
[29] 杨丽，黄勇力，周益春. 材料的宏微观力学性能实验指导[M]. 湘潭：湘潭大学出版社，2009.
[30] Tomellini M. On the work of adhesion of film - substrate solid junctions [J]. Thin Solid Films, 1991,202:227-234.
[31] 摩尔 D F. 摩擦学原理和应用[M]. 黄文治，谢振中，杨明安，译. 北京：机械工业出版社，1982.
[32] 全永昕，施高义. 摩擦磨损原理[M]. 杭州：浙江大学出版社，1988.
[33] 张霞. 新材料表征技术[M]. 上海：华东理工大学出版社，2012.
[34] 马南钢. 材料物理性能综合实验[M]. 北京：机械工业出版社，2010.
[35] 赵文宽. 仪器分析 [M]. 北京：高等教育出版社，2001.
[36] 沈华，史林兴，王青，等. 制备温度对 TiO_2 基膜表面非晶态 ZnO 薄膜发光特性影响的研究[J]. 应用光学，2007,28(4):421-425.
[37] 吴开明，李云宝. 材料物理实验教程[M]. 北京：科学出版社，2012.
[38] 赵文宽. 仪器分析实验[M]. 北京：高等教育出版社，2001.
[39] 马书炳，丁永清，赵学民，等. 光电效应测普朗克常数实验研究[J]. 实验室研究与探索，1998(6):61-62,66.
[40] 李朝荣，徐平，唐芳，等. 基础物理实验[M]. 修订版. 北京：北京航空航天大学出版社，2010.
[41] Green M A. 太阳能电池：工作原理、技术和系统应用[M]. 上海：上海交通大学出版社，1970.
[42] 熊绍珍，朱美芳. 太阳能电池基础与应用[M]. 北京：科学出版社，2009.
[43] 刘恩科，朱秉升，罗晋生. 半导体物理学[M]. 7 版. 北京：电子工业出版社，2011.
[44] 徐祖耀，黄本立，鄢国强. 中国材料工程大典[M]. 第 26 卷. 北京：化学工业出版社，2006.
[45] 陈国珍. 荧光分析法[M]. 3 版. 北京：科学出版社，2006.
[46] 吴征铠，唐敖庆. 分子光谱学专论[M]. 济南：山东科学技术出版社，1999.
[47] 周静. 功能材料制备及物理性能分析[M]. 武汉：武汉理工大学出版社，2012.
[48] 张福学. 现代压电学[M]. 北京：科学出版社，2003.
[49] 李恩普，邢筑，曹昌年，等. 大学物理实验[M]. 北京：国防工业出版社，2004.
[50] 李荻. 电化学原理[M]. 3 版. 北京：北京航空航天大学出版社，2008.
[51] 贾铮，戴长松，陈玲. 电化学测量方法[M]. 北京：化学工业出版社，2006.
[52] Bard A J, Faulkner L R. 电化学方法原理和应用[M]. 2 版. 邵元华，等，译. 北京：化学工业出版社，2005.
[53] 李相银，徐永祥，王海林，等. 大学物理实验[M]. 2 版. 北京：高等教育出版社，2009.
[54] 张立永，贾树妍，肖光辉，等. 应用 Zeta 电位研究液态奶的稳定机制[J]. 中国乳品工业，2007,35(12):38-41.

[55] 戴道生.铁磁学(上中下册)[M]. 北京:科学出版社,1998.
[56] 吴镝,都有为. 巨磁电阻效应的原理及其应用[J]. 自然杂志,2007,29(6):322-327.
[57] 邢定钰. 自旋输运和巨磁电阻——自旋电子学的物理基础之一[J]. 物理,2005,34(5):348-361.
[58] 赖武彦. 巨磁电阻引发硬盘的高速发展——2007年诺贝尔物理学奖简介[J]. 自然杂志,2007, 29(6):348-352.
[59] 田民波.薄膜技术与薄膜材料[M].北京:清华大学出版社,2006.
[60] 蔡珣,石玉龙,周建.现代薄膜材料与技术[M].上海:华东理工大学出版社,2007.
[61] 吴自勤,王兵,孙霞.薄膜生长[M].2版.北京:科学出版社,2013.
[62] 张东明,傅正义.放电等离子加压烧结(SPS)技术特点及应用[J].武汉工业大学学报,1999,21(6):15-17.
[63] 李汶霞,鲁燕萍,果世驹.等离子烧结与等离子活化烧结[J].真空电子技术,1998(1):17-23.
[64] 彭金辉,张利波,张世敏.等离子体活化烧结技术新进展[J].云南冶金,2000,29(3):42-44.
[65] 张利波,彭金辉,张世敏.等离子体活化烧结在材料制备中的新应用[J].稀有金属,2000,24(6):445-449.

内 容 提 要

全书共分四章，第一章为材料的组织形貌、结构及其测试分析，主要包括材料的显微组织、形貌、粒度及结构等的分析测试；第二章为材料的力学性能及其测试分析，主要包括硬度、拉伸、压缩、疲劳、磨损、弹性模量、断裂韧性及界面结合强度等的测定；第三章为材料的物理性能及其测试分析，主要包括热学、光学、电学、磁学等的测定；第四章为材料的物理制备技术，主要包括蒸发镀膜、溅射镀膜及等离子体烧结制备技术等。

本书可供高等学校材料科学与工程专业、材料物理专业、金属和无机非金属专业以及高分子材料等专业的高年级本科生使用，也可作为研究生和从事材料科学与工程生产及科研开发领域科技工作者的参考书。